博士论丛

赵禹杨

基于带宽交织技术的超宽带数据采集方法研究

Research on Ultra - Wideband Data Acquisition Systems
Based on Bandwidth - Interleaved Technology

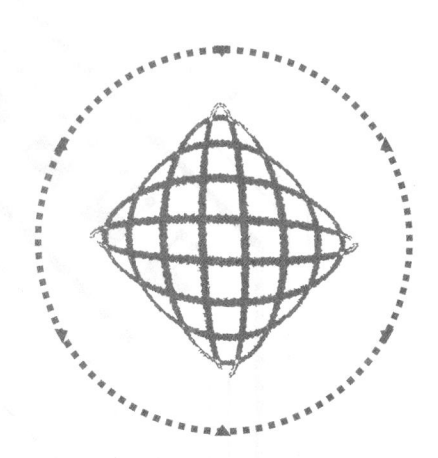

电子科技大学出版社
University of Electronic Science and Technology of China Press

·成都·

图书在版编目(CIP)数据

基于带宽交织技术的超宽带数据采集方法研究 / 赵禹，杨扩军，叶芃著. -- 成都：成都电子科大出版社，2025.6. -- ISBN 978-7-5770-1279-7

Ⅰ.TN926

中国国家版本馆 CIP 数据核字第 2024A76P92 号

基于带宽交织技术的超宽带数据采集方法研究
JIYU DAIKUAN JIAOZHI JISHU DE CHAOKUANDAI SHUJU CAIJI FAGNFA YANJIU

赵　禹　杨扩军　叶 芃　著

出 品 人	田　江
策划统筹	杜　倩
策划编辑	杨仪玮　雷晓丽
责任编辑	雷晓丽
责任设计	李　倩
责任校对	李雨纾
责任印制	梁　硕

出版发行	电子科技大学出版社
	成都市一环路东一段159号电子信息产业大厦九楼　邮编 610051
主　　页	www.uestcp.com.cn
服务电话	028-83203399
邮购电话	028-83201495
印　　刷	成都久之印刷有限公司
成品尺寸	170 mm×240 mm
印　　张	11.25
字　　数	168千字
版　　次	2025年6月第1版
印　　次	2025年6月第1次印刷
书　　号	ISBN 978-7-5770-1279-7
定　　价	70.00元

版权所有，侵权必究

序
FOREWORD

当前,我们正置身于一个前所未有的变革时代,新一轮科技革命和产业变革深入发展,科技的迅猛发展如同破晓的曙光,照亮了人类前行的道路。科技创新已经成为国际战略博弈的主要战场。习近平总书记深刻指出:"加快实现高水平科技自立自强,是推动高质量发展的必由之路。"这一重要论断,不仅为我国科技事业发展指明了方向,也激励着每一位科技工作者勇攀高峰、不断前行。

博士研究生教育是国民教育的最高层次,在人才培养和科学研究中发挥着举足轻重的作用,是国家科技创新体系的重要支撑。博士研究生是学科建设和发展的生力军,他们通过深入研究和探索,不断推动学科理论和技术进步。博士论文则是博士学术水平的重要标志性成果,反映了博士研究生的培养水平,具有显著的创新性和前沿性。

由电子科技大学出版社推出的"博士论丛"图书,汇集多学科精英之作,其中《基于时间反演电磁成像的无源互调源定位方法研究》等28篇佳作荣获中国电子学会、中国光学工程学会、中国仪器仪表学会等国家级学会以及电子科技大学的优秀博士论文的殊誉。这些著作理论创新与实践突破并重,微观探秘与宏观解析交织,不仅拓宽了认知边界,也为相关科学技术难题提供了新解。"博士论丛"的出版必将促进优秀学术成果的传播与交流,为创新型人才的培养提供支撑,进一步推动博士教育迈向新高。

青年是国家的未来和民族的希望，青年科技工作者是科技创新的生力军和中坚力量。我也是从一名青年科技工作者成长起来的，希望"博士论丛"的青年学者们再接再厉。我愿此论丛成为青年学者心中之光，照亮科研之路，激励后辈勇攀高峰，为加快建成科技强国贡献力量！

中国工程院院士

2024 年 12 月

前 言
PREFACE

随着电子系统中信号带宽、速率的不断增加，信号的瞬态特性和复杂度也随之增加，对电子系统的采样率及带宽等性能指标提出了更高的要求。受到现有模数转换器（analog to digital convertor，ADC）集成电路工艺的限制，单通道 ADC 逐渐无法满足高带宽及高采样率的需求，基于并行架构的采样技术已成为突破单通道 ADC 性能指标的有效手段。在这种背景下，本书围绕高速高带宽采样的目标，研究基于带宽交织技术（bandwidth interleaved，BI）的超宽带数据采集（data acqusition，DAQ）方法。针对 BI 架构中的输入信号完美重构（perfect reconstruction，PR）目标展开一系列的研究，攻克了 BI 架构信号模拟子带分解及数字重构中遇到的模拟与数字本振之间相位同步、子带间频率交叠引起的相频响应误差校正、通带幅频响应补偿、通带相频线性相位补偿等若干难题。

本书共分为七章。第一章为绪论，第二章提出了基于带宽交织技术的采样架构，第三章阐述了带宽交织采样架构中的子带恢复技术，第四章围绕带宽交织采样架构的频率交叠带拼合校正技术展开论述，第五章提出了带宽交织采集架构的通带补偿算法，第六章展示了带宽交织采样技术在超宽带数字示波器中的应用，第七章为总结与展望。

在本书的研究和写作过程中，作者阅读了大量国内外学者的文献成果，从中受益良多，同时还得到了导师、相关老师、同学、朋友和家人的指导和帮助，在此一并表示衷心的感谢。

尽管本书针对 BI 架构中的杂散误差及输入信号的完美重构提出了相应的解决方案，但由于作者水平有限，书中难免存在不足，需要进一步的改进和完善。

赵　禹

2025 年 5 月

目录 CONTENTS

- 第一章　绪论　1
  - 1.1　研究背景　1
  - 1.2　并行采集架构　5
    - 1.2.1　时间交织采样技术　5
    - 1.2.2　频域交织采样技术　8
  - 1.3　主要贡献与创新　14
  - 1.4　结构安排　16
- 第二章　基于带宽交织技术的采样架构　18
  - 2.1　BI-DAQ 系统基本工作原理　18
  - 2.2　BI-DAQ 系统数学建模与输入信号的完美重构　20
    - 2.2.1　BI-DAQ 系统的数学建模　20
    - 2.2.2　输入信号的完美重构　24
  - 2.3　带宽交织采样与其他并行采样技术的对比　25
    - 2.3.1　输入噪声对比分析　27
    - 2.3.2　ENOB 随 f_{in} 变化的对比分析　28
    - 2.3.3　时钟稳定性建模及分析　31
  - 2.4　本章小结　35
- 第三章　带宽交织采样架构中的子带恢复技术　37
  - 3.1　数字上采样技术　37
    - 3.1.1　数字上采样原理　38
    - 3.1.2　多相结构的数字上采样　40
    - 3.1.3　抗混叠滤波器设计　41
  - 3.2　数字上变频技术及抗镜像滤波器　45
    - 3.2.1　数控振荡器（NCO）　47

  3.2.2 抗镜像滤波器设计 50
 3.3 频率子带模拟与数字本振的相位同步 51
  3.3.1 模拟与数字本振相位不同步原因分析 52
  3.3.2 基于同步时间戳的模数本振相位同步方法 54
  3.3.3 模数本振相位同步验证方法 55
 3.4 实验结果与分析 57
  3.4.1 数字信号处理过程及杂散抑制实验 57
  3.4.2 模拟与数字本振相位同步实验 62
 3.5 本章小结 66

第四章 带宽交织采样架构的频率交叠带拼合校正技术 68

 4.1 频率交叠带的影响及定义 69
  4.1.1 频率交叠带的数学模型 70
  4.1.2 交叠带频率范围 70
  4.1.3 交叠带的影响 71
 4.2 频率交叠带的相频响应估计算法 74
  4.2.1 基于三参数正弦拟合的交叠带幅度/相位差估计算法 74
  4.2.2 三参数正弦拟合算法的相位/幅度差估计实验结果分析 75
 4.3 频率交叠带的相位补偿技术 78
  4.3.1 交叠带校正模块结构 78
  4.3.2 基于混合粒子群算法的频率交叠带补偿结构参数设计方法 82
  4.3.3 分数延时滤波器设计方法 86

4.4	实验结果与分析	90
	4.4.1 交叠带相频响应及幅频响应测量	91
	4.4.2 交叠带相频响应误差校正模块参数设计	92
	4.4.3 数字全通滤波器有效字长效应的影响	96
	4.4.4 交叠带相频响应补偿结果分析与讨论	97
4.5	本章小结	98

第五章 带宽交织采集架构的通带补偿算法   99

5.1	带宽交织采集系统中的通带幅频响应补偿技术	100
	5.1.1 通带幅频响应测量及频域补偿滤波器目标频响	101
	5.1.2 基于Krylov子空间的频域补偿滤波器设计算法	102
5.2	带宽交织采集系统中的通带相频响应补偿技术	107
	5.2.1 基于广谱信号的通带相频响应测量技术	108
	5.2.2 基于全通滤波器极点分布图解法的通带相频响应补偿技术	110
5.3	实验结果与分析	115
	5.3.1 通带幅频响应补偿实验结果分析与对比	115
	5.3.2 通带相频响应补偿实验结果分析与对比	118
5.4	本章小结	123

第六章 带宽交织采样技术在超宽带数字示波器中的应用   124

6.1	超宽带示波器设计目标及方案	124
6.2	基于多ADC与多FPGA架构的采集存储同步技术	132
	6.2.1 多ADC与多FPGA同步数学模型	132
	6.2.2 多ADC与多FPGA同步方案	137

  6.2.3 多ADC与多FPGA同步实验结果分析与讨论 141
 6.3 超宽带数字示波器原理化样机测试结果 145
  6.3.1 采样率测试 145
  6.3.2 带宽性能指标测试 146
  6.3.3 ENOB与SFDR性能指标测试 147
  6.3.4 阶跃信号响应测试 149
 6.4 本章小结 151

- 第七章 总结与展望 152

 7.1 研究总结 152
 7.2 研究展望 154

- 参考文献 156

第一章

绪 论

1.1 研究背景

随着数字信号处理技术的飞速发展,电子系统中越来越多的功能得以在数字域实现。作为连接模拟信号和数字信号的桥梁,高速数据采集系统在电子系统中扮演着不可或缺的角色,被广泛应用于雷达通信[1~4],数字医疗[5~7],测试仪器[8~10]等领域。特别是近些年来,电子信号呈现出高频、高带宽、高复杂度的特性,信号的瞬态特性和复杂度急剧增加,这就要求电子系统前端的数据采集系统具有更高的采样率(sampling rate,SR)、模拟带宽(band width,BW)、信噪比(signal-to-noise rate,SNR)和无杂散动态范围(spurious free dynamic range,SFDR)等性能指标。

随着移动通信技术的发展,无线通信进入了5G时代,5G采用了全新的毫米波波段,具有超高的调制带宽(500 MHz~3 GHz)[1],而宽带信号的接收和处理则依赖带宽为调制信号3~5倍的高速宽带数据采集系统。2013年加州大学伯克利分校的阿明·阿尔巴比安(Amin Arbabian),基于脉冲超宽带技术,在90 GHz波段实现了具有40 GHz瞬时带宽的毫米波成像系统,并成功应用于乳腺癌的检测。[5]德国的Leibniz微电子创新研究所于

2018年研发的亚太赫兹通信接收机，利用第四代硅锗（SiGe）的BiCMOS工艺，实现了具有55 GHz的-3 dB实时带宽[2]。

在测试仪器领域，随着信号频率、带宽与复杂度的不断增加，对以实时数字示波器为代表的时域测试仪器提出了更高的要求[8~10]。例如，在核物理的爆轰试验中，为了捕捉快速变化的粒子，往往需要模拟带宽≥10 GHz的示波器进行测量，在爆炸的瞬间捕获瞬时信号，待爆炸后对采集到的数据进行分析[10]；400 G以太网中采用的PAM4标准信号，以电气与电子工程师协会（Institute of Electrical and Electronics Engineers，IEEE）定义的26.56 GBaud信号为例，其电气测试特性参数建议使用至少33 GHz带宽的4阶Bessel-Thomson滤波器频响的示波器进行测试[8]。基于大量的应用需求，高性能指标示波器的研发工作成了各大科研机构以及公司的重点研究方向。2015年，泰克（Tektronix）公司发布的DPO70000系列数字示波器具有70 GHz的模拟带宽，200 GSa/s的实时采样率以及8 bit的量化位数[11]。2017年，力科（Lecory）公司推出的LabMaster 10 Zi-A系列数字示波器最高带宽可以达到100 GHz，同时拥有240 GSa/s（8 bit）的最高实时采样率[12]。随后，德科技（Keysight）公司在2018年推出的UXR1104A系列的infiniium示波器，借助于其先进的第二代磷化铟（InP）工艺，同时拥有256 GSa/s（10 bit）的实时采样率以及110 GHz的模拟带宽，是目前世界上最高带宽的数字示波器[13]。而示波器采样率及带宽两项核心指标则取决于其前端的高速宽带数据采集系统以及高速信号处理的能力。

以宽带数据采集系统为核心的数字化技术，是推动通信、雷达等领域发展的引领技术，也是反映国家科学研究基础能力的重要共性技术，同时也是西方国家对我国技术封锁的焦点领域。数据采集系统前端核心是模数转换器（analog to digital converter，ADC），其性能指标直接决定了数据采集系统的上限水平。ADC的发展主要依赖集成电路工艺水平的发展以及采样结构的创新。目前，超高速宽带ADC的实现基本采用成本较高的磷化铟InP[14]以及SiGe[2,5]等集成工艺。而较为传统的低成本CMOS的发展速度已经

难以满足日益增长的信号速率以及带宽的需求[15]，目前基于CMOS工艺的超高速ADC大多是基于时间交织采样技术（time interleaved analog to digital comverter，TIADC）的采集架构，然而随着ADC带宽的进一步增加，采样时钟的抖动限制了TIADC的垂直分辨率[16]。

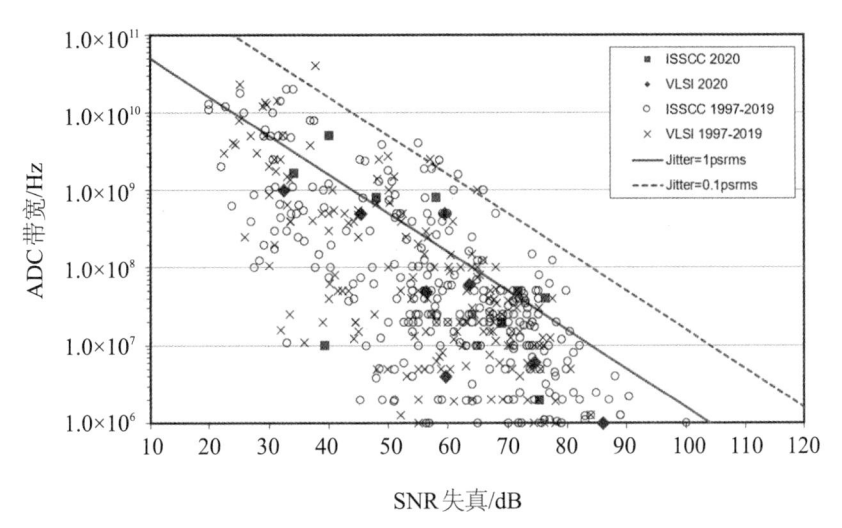

图1-1　1997—2020年已发表的ADC性能对采样时钟抖动的敏感程度

图1-1统计了1997—2020年发表在超大规模集成电路技术与电路国际研讨会（Symposia on VLSI Technology and Circuits，VLSI）及国际固态电路会议（International Solid-State Circuit Conference，ISSCC）上的ADC性能对采样时钟抖动的敏感程度[17]。可以看出，在图1-1中，带宽超过10 GHz的ADC为了保证良好的SNR失真，采样时钟的抖动均方根值往往要限制在100 fs以内，这对时钟电路的设计是一项巨大的挑战。随着带宽的进一步增加，时钟抖动的影响也会随之增大。因此，单通道ADC的性能已经很难满足采集系统的需求，图中GHz量级以上的ADC大多数在传统的单通道架构的基础上，如流水线型（pipeline）、逐次逼近（SAR）、$\Sigma\text{-}\Delta$等结构，采用了多通道并行的采集架构，以提升系统的性能指标。

国内采集系统性能指标的提升，除了面临ADC性能提升的共性技术难题，还面临发达国家高端ADC芯片的禁运与技术封锁。根据目前国际市场上可以查阅到的资料来看，近些年发达国家依托先进的集成电路工艺以及材料技术，不断推出高性能的ADC芯片，进一步拉大了与国内ADC芯片的差距，见表1-1所列。

表1-1 国内外高速宽带ADC典型产品对比

研发公司	国家	发布年份	型号	采样率/（GSa·s^{-1}）	分辨率/bits	带宽/MHz
TI	美国	2019	ADC12DJ5200	10	12	7900
ADI	美国	2018	AD9213	10.25	12	6500
E2V	英国	2018	EV12AQ600	6.4	12	6500
苏州迅芯微电子	中国	2018	AAD08S010G	10	8	5800
时代民芯	中国	2019	MXT2022	3.2	12	2500

综上，随着芯片工艺进入后摩尔时代，集成电路的发展已然无法满足高速宽带数据采集系统的需求。随着带宽的增加，采样时钟的抖动影响也愈发明显，高速宽带数据采集系统性能采样率以及带宽的提升已成为全世界面临的技术难题，亟须新的理论与应用方法来解决日益增长的采集系统采样率以及带宽的需求。除此之外，从表1-1中可以看出，受芯片工艺水平等因素的限制，我国ADC产品较欧美发达国家仍有较大的差距，因此，在一定程度上限制了我国高速数据采集系统的发展。为了突破"卡脖子"的困境，一方面可以通过研发新兴材料以及发展芯片制造工艺，以获得更高技术指标的ADC芯片来提升数据采集系统的性能指标；另一方面，在现有芯片技术指标的基础上，可以采用全新的数据采集架构来解决高带宽数据采集的重大难题。一旦我国的芯片制造工艺有所突破，采集系统指标将在其基础上获得成倍的提升。

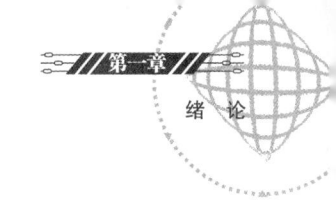

1.2 并行采集架构

并行采集架构是目前提升采集系统性能指标的重要技术手段，采用多片低采样率、低带宽的ADC芯片，通过采集架构的创新实现高采样、高带宽的数据采集系统，成倍地提升了采集系统的性能指标，引起了国内外学者的广泛关注。

1.2.1 时间交织采样技术

TIADC是最为广泛应用的并行采集架构[18]，最早是由Black[19]于1980年提出的。其核心思想是利用M片采样率为f_s的ADC芯片，通过调节多片ADC芯片之间的采样钟相位关系，以时间交织采样的方式实现$M \times f_s$的高速采集系统。以四通道TIADC系统为例，其结构如图1-2所示，其中sclk$_m$为第m片ADC芯片的采样时钟，其时钟初相可以根据下式计算，其中$m = 0$、1、2、3，sclk为TIADC拼合后的系统时钟。

$$\varphi_m = 2\pi \times \frac{m}{M} \tag{1-1}$$

TIADC面临的一个巨大挑战是多片ADC芯片间的失配问题，即多片ADC芯片之间的偏置、增益及时间误差会导致拼合后的信号产生额外的杂散谱，进而导致信号的失真，影响采集系统的SFDR及SNR等性能指标[20~24]。大量的文章致力于多ADC芯片之间失配误差的校正研究，包括盲校正[25~28]、自适应校准等方法[29~33]，均取得了显著的成效。随着TIADC采集系统的输入信号频率逐渐增加，系统中的失配误差，特别是幅度和相位的失配误差表现出与输入信号频率相关的特性，称为频响失配误差。频响失配误差的校正成为近些年TIADC的重点研究方向[34~37]。

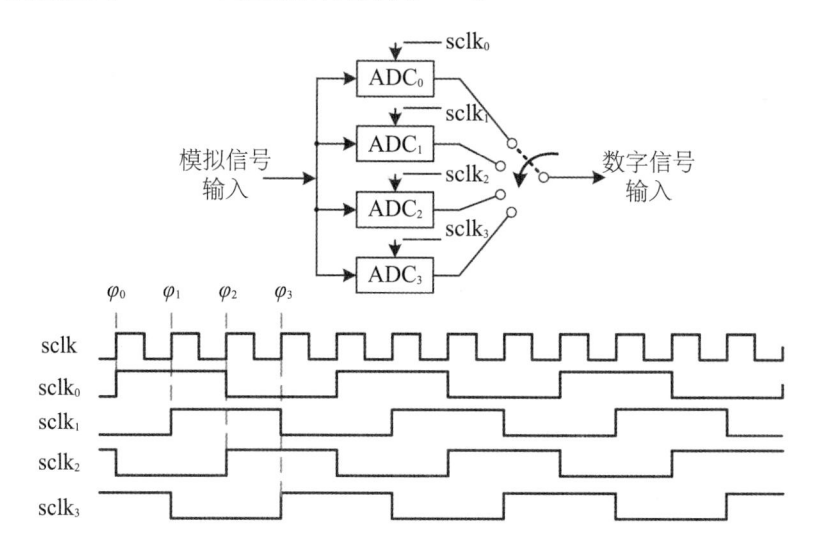

图1-2　四通道TIADC模型

然而，TIADC架构在更高采样率和更高带宽系统中的应用具有一定的局限性。首先，TIADC系统的带宽取决于其中单片ADC芯片的带宽指标，并不能突破单片ADC芯片的带宽指标。其次，为了提高TIADC的系统采样率，可以通过增加单片ADC芯片的采样率或增加TIADC系统中ADC芯片的并行个数来实现。但是，并行ADC芯片数量的增加会间接地增大TIADC采集系统输入端电路的容性负载，导致系统输入带宽的降低，这也是目前采样率50 GSa/s的TIADC系统带宽被限制在20 GHz以下的重要原因[38]。

为了解决TIADC中面临的带宽问题，泰克（Tektronix）公司提出了一种基于异步时间交织采样技术（asynchronous time-interleaved analog to digital coverter，ATI-ADC）[39]的双通道并行ADC采样架构，如图1-3所示。

在图1-3中，ATI-ADC结构通过正交的异步时钟，将信号的低频（LF）段及高频（HF）段关于$\Omega_s/2$对称折叠至低频段，Ω_s为ATI的系统采样率，再利用低通滤波器提取低频分量。此时，送入ADC采样保持电路（track and hold，T/H）的信号同时包含了LF段以及HF段的信号频谱信

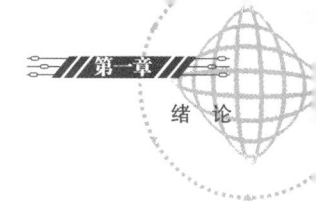

息，且信号的带宽降至了原来的1/2。此时再使用频率为 Ω_s 的采样率对信号进行采样并不会发生混叠的现象。数字化后的两路采样数据通过数字信号处理的方法恢复原始信号[40~42]。ATI 结构的出现从一定程度上降低了 ADC 面临的带宽压力，然而因为第一级 T/H 电路的存在，所以无法避免随着并行路数增多而导致的容性负载增大，从而影响采集系统的带宽指标。

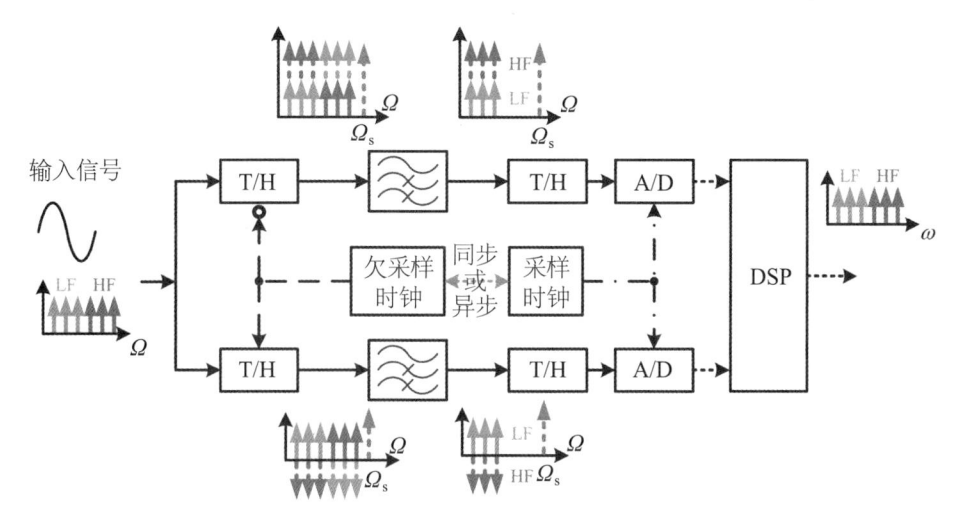

图1-3 双通道 ATI-ADC 实现框图

在 TIADC 系统中，采样时钟的抖动会引起采样信号幅度上的偏差，从而影响信号的 SNR 指标。设输入信号频率为 f_{in}，则 SNR 受抖动影响的理论值可以根据下式计算[43]，即

$$\text{SNR}_{\text{DS,Jitter}} = -20 \times \log 2\pi f_{in} \sigma_{\text{Jitter,Clock}} \quad (1\text{-}2)$$

式中，$\sigma_{\text{Jitter,Clock}}$ 为采样钟抖动的均方根值。根据式（1-2）可以看出，随着输入信号频率的增大，为了确保 SNR 的性能，需要降低采样钟抖动的均方根值，例如，采样率为 80 GSa/s 的采集系统，为了达到 20 GHz 的带宽且分辨率大于 6 bit，采样钟抖动的均方根值需要满足 $\sigma_{\text{Jitter,Clock}} \leqslant 100 f_s$，这对采集系统采样时钟电路的设计带来了巨大的挑战。

基于上述的研究现状，探索新的采样架构来应对日益增长的信号带宽需求具有重大的研究价值与意义，频域交织采样技术（frequency-interleaved analog to digital converter，FIADC）应运而生。

1.2.2 频域交织采样技术

FIADC 最早是由 Vaidyanalhan[44]于 1987 年首次提出，M 通道的 FIADC 框图如图 1-4 所示。

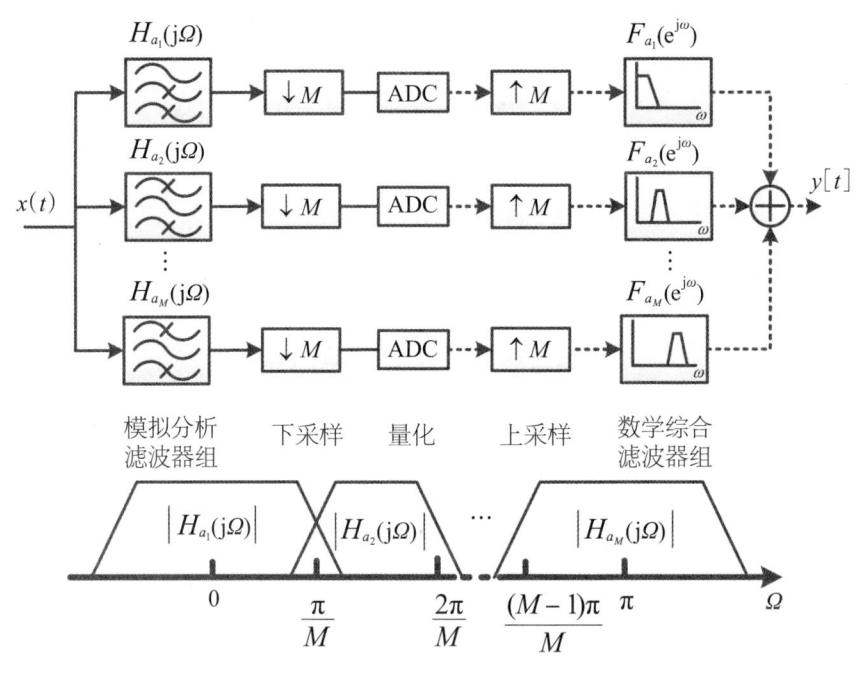

图 1-4 M 通道的 FIADC 框图

在 FIADC 中，输入信号 $x(t)$ 首先经过均匀分布在整个 Nyquist 域的模拟滤波器组，称为模拟分析滤波器组（analog analysis filter bank，AAFB）。AAFB 将 $x(t)$ 均匀地切割成 M 个频率子带，如图 1-4 所示。经过 AAFB 的信号由下采样及 ADC 量化至数字域，数字信号经过上采样送入数字综合滤波器组（digital synthesis filter bank，DSFB），进行信号的重构并将多通道的数据进行拼合以恢复输入的信号 $x(t)$ [45,46]。拼合后的信号满足

$$Y(e^{j\omega}) = c \cdot X(e^{j\omega})e^{-j\omega d} \qquad (1\text{-}3)$$

式中，c 和 d 均为常数，$X(e^{j\omega})$、$Y(e^{j\omega})$ 分别为 $x(t)$ 及 $y[n]$ 的频域表达式。

式（1-3）为 FIADC 的完美重构（perfect reconstruction，PR）条件，即拼合后的信号 $y[n]$ 是输入信号 $x(t)$ 的纯延迟以及缩放[47~48]。观察图 1-2 及图 1-4 可以发现，TIADC 实际上是 FIADC 的一种特殊情况，即 TIADC 可以看作 AAFB 的频响为 $e^{jm\Omega_s}$ 的模拟延迟滤波器组及 DSFB 的频响为 $e^{jm\omega_s}$ 的数字延时滤波器组的 FIADC。

FIADC 设计的重点是 AAFB 及 DSFB 的设计，例如在参考文献[49]中，作者利用 Z 域映射至 S 域的变换方法设计 AAFB，并利用快速傅里叶逆变换（inverse fast Fourier transform，IFFT）设计综合滤波器实现系统的近似 PR。Zhao 利用标准的二阶 Butterworth 滤波器搭建 AAFB，并利用二阶锥规划（second order cone programming，SOCP）算法设计有限脉冲响应（finite impulse response，FIR）滤波器，实现了四通道的 FIADC 系统[49]。FIADC 提出的初衷是解决 TIADC 面临的失配误差的问题，由于综合滤波器组的存在使得 FIADC 的 SFDR 性能指标显著优于 TIADC 系统[50]。然而，FIADC 并不能解决输入信号带宽提升的问题，尽管 AAFB 将信号切割成了若干个频带，但图 1-4 中第 M 个频率子带的 ADC 的输入带宽仍然需要满足输入信号的最大带宽。因此，初期的 FIADC 并未得到广泛的应用，直到模拟混频技术的引入，FIADC 才具备了提升输入带宽的能力。

混频器的引入将输入信号的高频子带通过模拟混频的方式搬移至低频带，并在数字端通过数字混频的方式将子带恢复至原始频带进行拼合，因此降低了 ADC 输入带宽的压力。根据不同的混频方式，FIADC 衍生出了两种不同的采样架构，分别是基于零中频（zero-intermediate frequency，Zero-IF）架构的频域交织采样技术及基于带宽交织（bandwidth-interleaved，BI）架构的频域交织采样技术。

1.2.2.1　基于零中频架构的频域交织采样技术

Zero-IF 架构最早是在 2005 年由 Kyongsu Lee 和 Won Namgoong 提出

的，基于0.25 μm的CMOS工艺实现了12.5 GSa/s的采样率及5 GHz的三通道并行Zero-IF架构的ADC系统[51]，然而该ADC只具有3 bit的垂直分辨率。随后，Mazlouman S J等人基于90 nm的CMOS工艺分别在2007年及2010年实现了双通道4 GSa/s和三通道6 GSa/s的Zero-IF架构，分辨率分别为4 bit及7 bit[52~53]。基于Zero-IF架构的频率交织采样技术第m个频率子带的简化模型如图1-5所示，其中，Ω_{l_m}为第m个频率子带的本振信号频率，位于第m个频率子带的频带中心。

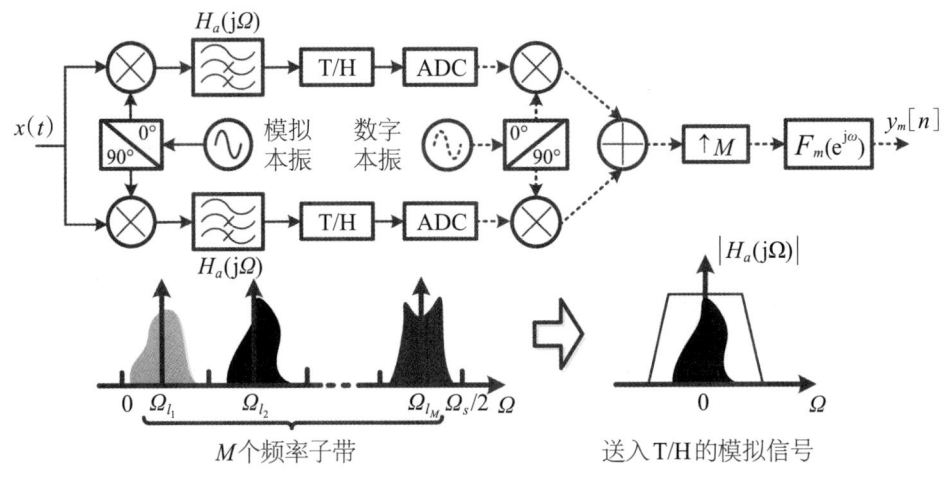

图1-5 基于Zero-IF架构的频率交织采样技术第m个频率子带的简化模型

在图1-5所示的Zero-IF结构中，输入信号直接进入正交混频器中进行混频操作，舍去了图1-4用于切割频带的AAFB，这种架构简化了模拟电路的设计，只需要在模拟前端改变每个子带混频的本振频率，其余的电路（包括混频器、低通滤波器、T/H电路及ADC等）都可以进行重复使用。

然而，除了FIADC涉及的AAFB及DSFB的设计问题，Zero-IF结构使用了正交混频的架构，混频过程中的I/Q失衡问题引入了额外的镜像误差[54]，因此在恢复输入信号PR过程中，不仅要考虑AAFB幅频及相频响应的影响，还要考虑I/Q失衡对系统性能指标的影响。Mazlouman S J等人利用5阶的Butterworth滤波器作为AAFB，提出了一种数字后端的离线校正方法，利用FIR滤波器充当DSFB获得了7 bit的有效位数（effective number of bits，

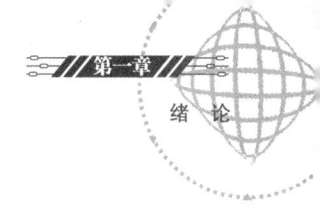

ENOB）性能指标[52]。2017年，Kundu S等人结合最小均方（least mean square，LMS）补偿算法，获得了ENOB为4 bit的双通道FIADC[55]。在此基础上，Song Jinpeng等人于2019年提了一种新的Zero-IF架构，该架构省略了图1-5中混频器后的模拟抗镜像滤波器，进一步简化了硬件的复杂度，利用误差的周期时变特性，借助坐标松弛法设计统一数字修正的DSFB，实现了8 bit的采集系统[56]，并在2020年提出了一种基于盲自适应校正的算法，通过仿真验证获得了接近12 bit的ENOB理想指标[57]。

除此之外，Zero-IF架构省略了AAFB，导致本振谐波混叠现象较为严重，进而损害系统的ENOB及SFDR等性能指标，尽管参考文献[58]中提出了一种数字迭代的算法来抑制Zero-IF结构中的谐波混叠现象，但仍然无法解决噪声的混叠现象。

1.2.2.2 基于BI架构的频域交织采样技术

基于BI架构的频域交织采样技术最早是在2007年由Pupalaikis提出，其简化模型如图1-6所示[59]。

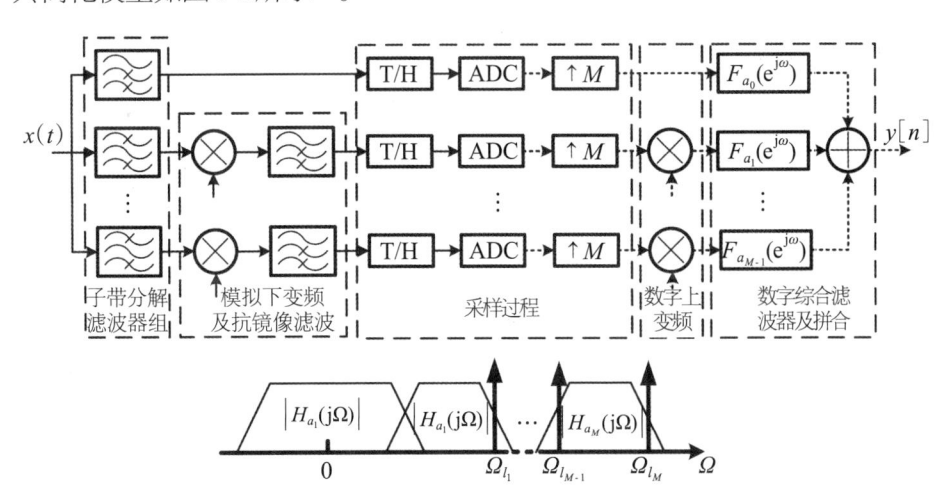

图1-6 基于BI架构的频域交织采样技术简化模型

基于BI架构频域交织采样技术延续了图1-4中FIADC的AAFB，虽然这样会增加模拟电路设计的难度，但是AAFB的存在可以避免Zero-IF频域交织采样技术架构中的谐波混叠的现象。不同于Zero-IF架构，在BI架构中采用了超外差的混频方式，这样的结构一方面可以避免零中频结构中的I/Q失衡问题，另一方面实数混频的电路设计较为简单，易于实现，配合高侧本振以及抗镜像滤波器可以很好地消除混频引入的镜像分量。与此同时，第一频率子带不涉及模拟混频，因此会极大程度地保留系统的性能指标，相较于Zero-IF架构，不会破坏低频的ENOB性能指标。

与FIADC的设计类似，基于BI的采样架构的设计重点是AAFB及DS-FB的设计。在参考文献[60]中，Song Jinpeng等人采用二阶及四阶低通/带通Butterworth滤波器充当AAFB，并利用双共轭梯度法（bi-conjugate gradient，BiCG）设计基于有限脉冲响应（finite impluse response，FIR）的DS-FB，实现了五通道的BI采集架构。Yang Xing[61~62]同样基于二阶Butterworth模拟滤波器，利用SOCP算法配合切比雪夫准则设计了四通道的BI-DAQ系统，获得了更好的校正效果。Nicholas基于BI架构，提出了一种频域校正的方法。该方法不需要模拟本振信号与ADC采样钟的同源操作，在一定程度上降低了BI架构的硬件设计难度。但在这些研究中，往往只考虑了AAFB的频响，而忽略了模拟混频器及T/H频率响应的影响。

为考虑模拟混频器及T/H频率响应的影响，数据辅助型（data-aided，DA）校准方法被提出[59,63~67]。DA的思想是利用标准或已知的信号作为激励信号馈入待测采集系统，通过测量待测采集系统的采集结果来反推系统的频响。在DA校准方法中，测量不同的参数需要选择不同的激励信号，如2009年，Tumewu A等人基于定制的AAFB，提出了一种基于互功率谱（cross spectrum）的时延估计算法，利用脉冲信号作为激励，通过相频频带的交叠带测量两个频率子带之间的相位差并进行补偿，实现了BI-DAQ系统相位的完美重构[64]。2013年，Bhatta D等人基于周期测试信号提出了一种时域均衡的PR算法[65]。2019年，参考文献[66]中提出了一种基于复倒谱的频率子带间时延估计算法，利用幅移键控信号（amplitude shift keying，ASK）作为激励信号进行测量，并利用正弦扫频信号获取通带的幅频响应，利用频域抽样法设计具有线性相位的FIR滤波器进行幅频响应校正，

实现了BI-DAQ系统的幅度以及相位的PR。2020年，Zhao Yu等人提出了一种基于正弦扫频信号的频率交叠带校正算法[67]。综上所述，DA校准方法由于测试信号通过了整个BI-DAQ系统，包括混频器及T/H的影响均会在采集结果中体现，频响的测量结果更为全面准确，从而可以获得更高的校准精度。

综上所述，现有的并行采集架构的优劣对比见表1-2所列。在表1-2中，虽然几种并行采样技术均能提升采集系统的采样率指标，但TIADC及FIADC架构并不能提升系统的带宽指标。综合考虑ATI、BI及Zero-IF三种架构的采样时钟抖动鲁棒性，三阶交调失真以及噪声混叠等因素，本书将围绕基于超外差结构的带宽交织采样技术开展超宽带的高速数据采集系统研究。

表1-2 现有的并行采集架构的优劣势对比

采集架构	优点	缺点
TIADC	结构简单易于实现	对ADC内部时钟抖动敏感，通道间失配误差影响系统性能。随着并行路数增多，容性负载增大，无法提高系统带宽
FIADC	可以降低对前（$M-1$）个子带的ADC带宽要求	为了方便FIADC的重建和采样时钟的管理，一般仍会选择相同的子ADC。因此，经典的IF对于系统带宽的提升空间有限
ATI	结构对称，不存在BI中的镜像干扰和延时误差	本质上仍属于TI的衍生结构，因此同样对异步采样时钟相位抖动敏感
BI	不会存在噪声混叠的现象，具有较高的时钟鲁棒性	模拟前端设计复杂，每个子带都需要独立设计模拟滤波器
Zero-IF	结构对称，降低模拟前端设计难度	不能很好地抑制模拟混频器引入的三阶交调分量，省略模拟滤波器组会导致噪声的混叠

1.3 主要贡献与创新

本书围绕数据采集的超宽带超高速性能指标需求,开展基于 BI 架构的频域交织采样技术的相关研究。针对 BI 架构中的杂散误差以及输入信号的完美重构提出相应的解决方案。

相较于传统的重构算法只考虑子带分解滤波器频响的影响,本书采用数据辅助的方式对 BI-DAQ 系统模拟电路前端完整的信号链路包括混频器及 T/H 电路的频响进行估计,充分考虑了模拟电路的非理想特性。在此基础上,围绕 BI-DAQ 系统中子带分解后信号重构遇到的子带恢复、交叠带校正、通带幅频以及相频响应补偿展开了一系列的研究。通过数字后端补偿的手段降低了模拟前端电路引入的子带间时延、非线性相位以及幅频响应等非理想特性对 BI-DAQ 的影响,实现了 BI-DAQ 系统输入信号的完美重构。结合项目需求,利用多片 10 Gsa/s,5.8 GHz 带宽的 ADC[68]设计具有 40 GSa/s 采样率,10 GHz 模拟带宽的宽带高速数据采集系统,并应用于数字示波器原理化样机中,将 BI 架构以及本书提出的解决方案进行实现与验证。本书的主要贡献与创新总结如下。

(1) 分析并对比了多种并行采集架构各自的优劣,在此基础上,围绕基于 BI 架构的并行采集系统进行研究,建立了一套完整 BI-DAQ 系统输入信号完美重构的数学模型,为后续的研究工作提供了可靠的理论支撑。同时,探索出了一种在现有 ADC 芯片指标基础上获得采集系统带宽及采样率指标成倍提升的采样方法。

(2) 围绕 BI 架构中频率子带在数字后端恢复的过程中遇到的模拟和数字本振相位同步问题展开研究,分析并讨论了模拟和数字本振间随机相位误差值的概率分布情况,利用二维李沙育图形分析了本振间随机相位误差

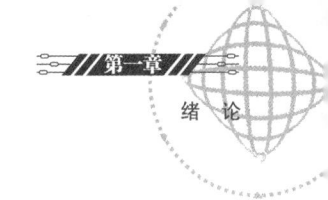

的统计特性。利用模拟本振与系统采样时钟间的同步关系，提出了一种基于同步时间戳的本振同步相位误差补偿方法。该方法无须额外的硬件电路辅助，在现场可编程门阵列（field programmable gate array，FPGA）中即可实现模拟与数字本振之间的相位同步，为 BI-DAQ 系统架构的完美重构提供了前提条件。

（3）针对相邻子带间频率交叠带相频误差导致的幅频响应失真问题，提出了一种基于全通滤波器（all-pass filter，APF）的"线性+非线性"的交叠带相频响应补偿结构，并提出了一种基于混合粒子群（hybrid particle swarm optimization levenverg-marquardt，HPSOLM）算法的非线性优化算法用于补偿结构参数的优化设计。该算法引入的 levenverg-marquardt（LM）算法在加速 PSO 算法迭代速度的同时降低了 PSO 算法迭代结果的随机性，与此同时，PSO 算法解决了 LM 算法的初始值的选择难题。该算法通过将 LM 算法迭代变量进行映射处理，解决了无约束优化算法（LM）可能导致的 APF 不稳定的问题。

（4）针对 BI 架构的 PR 问题，提出了一种基于分治法的 BI-DAQ 系统 PR 方案，将 PR 划分为幅频及相频的 PR。基于交叠带校正后的 BI-DAQ 系统，利用 Krylov 子空间迭代算法设计具有线性相位的频域补偿滤波器，在不改变系统相频响应的前提下实现了 BI-DAQ 系统的幅频 PR。与此同时，针对 BI-DAQ 系统宽带相频响应误差测量的问题，提出了一种基于广谱信号的通带相频响应测量方法，用于测量宽带 BI-DAQ 系统的相频响应失真误差。在此基础上，利用 APF 的全通特性，在不改变幅频响应的同时补偿通带的相频响应失真，实现 BI-DAQ 系统的相频 PR。并提出了一种基于图解法的 APF 稳定设计算法，该算法可以应对大阶数下 APF 滤波器设计面临的稳定性难题，在符合目标群时延的前提下，保证设计 APF 的稳定性。

（5）设计并实现了具有 40 GSa/s 采样率、10 GHz 带宽的高速宽带数据采集系统。在此基础上设计并实现了数字示波器原理化样机，为 BI-DAQ 系统中关键技术的验证提供了实验平台。此外，研究了系统中多 ADC 与多

FPGA之间的采集同步问题并提出了相应的解决方案，实现了大规模多ADC多FPGA之间的同步采集。测试结果表明，基于BI的并行采集架构可以成倍地提升系统的采样率以及带宽指标，基于BI架构的数字示波器各项指标在国内已经发布的各类学术成果以及产品中处于领先地位。

因为宽带数据采集系统属于电子系统中的共性技术，所以本书中的关键理论体系以及相关算法可进一步扩展应用于通信雷达等其他领域。建立超宽带接收机的标准模型，在现有的芯片水平的基础上可以进一步提高我国卫星通信等电子系统应用领域的信息化水平，具有一定的引领意义。

1.4 结构安排

本书共分为七章。

第一章介绍了研究工作的研究背景及研究意义，分析了并行采集架构的技术特点及研究现状，总结了本书的主要贡献及创新。

第二章介绍了基于带宽交织技术的采样架构，对带宽交织采集（BI-DAQ）系统进行了建模，着重分析了BI-DAQ系统中输入信号完美重构的条件。同时与其他并行采集架构，主要是TIADC与基于Zero-IF的频率交织采样技术从输入噪声、ENOB随输入信号频率变化进行了对比，并对BI-DAQ系统的时钟稳定性进行了建模分析，为后续的研究工作提供了理论支撑。

第三章对BI-DAQ系统中子带恢复技术进行了研究，着重研究了BI-DAQ系统中的数字上采样、数字上变频技术以及频率子带内模拟与数字本振间的相位同步技术。分析了数字上采样及数字上变频过程中产生的各种镜像杂散误差并提出了相应的解决方法。分析了频率子带内模拟与数字本振相位不同步的原因及影响，提出了一种基于同步时间戳的BI-DAQ系

统模拟与数字（模数）本振相位同步装置。实验结果证明，该同步装置可以有效地解决BI-DAQ系统中模拟与数字本振的相位同步问题。

第四章针对BI-DAQ系统中频率交叠带拼合校正技术展开了研究，分析了BI-DAQ系统中特有的交叠带子带间相位误差对BI-DAQ系统子带拼合的影响。首先，提出了基于正弦扫频法结合正弦拟合算法的交叠带相位差测量算法；其次，提出了一种基于APF的交叠带校正的补偿结构，针对APF滤波器设计面临的非线性优化问题提出了相应的解决方案；最后，通过仿真和实验验证了算法的有效性，为BI-DAQ系统的完美重构提供了保障。

第五章围绕BI-DAQ系统中通带补偿算法展开了研究。提出了基于DA的BI-DAQ系统幅频以及相频响应的测量方法，采用分治法的思想分别校正幅频以及相频响应的失真。采用具有线性相位的FIR滤波器对通带的幅频响应进行补偿，并使用APF补偿BI-DAQ系统的通带相频响应。在此基础上，提出了幅频响应以及相频响应补偿滤波器的设计算法，通过仿真和实验验证了全通带幅频以及相频响应补偿算法的有效性。

第六章介绍了BI-DAQ技术在超宽带数字示波器中的应用。设计了基于BI架构的数字示波器原理化样机，介绍了原理化样机的总体设计方案，研究了基于并行架构的多ADC、多FPGA同步采集技术，并从采样率、带宽、ENOB、SFDR及阶跃信号响应测试等方面对示波器原理化样机展开了测试及验证。

第七章对全书的研究成果和创新进行了总结，并对后续工作进行了展望。

第二章

基于带宽交织技术的采样架构

带宽交织采样架构引入了混频的机制，将高频信号通过混频器混至低频带进行采样，从而降低了ADC的带宽以及采样率压力，并在数字后端通过数字信号处理的方式对信号进行重构，而信号的完美重构（PR）是整个带宽交织采集系统架构成功实现的关键，也是本书研究的重点。

本章中，第2.1节阐述了带宽交织采集（bandwidth interleaved data acquisition，BI-DAQ）的基本工作原理；第2.2节建立了BI-DAQ系统的数学模型，分析并推导了输入信号PR的条件；第2.3节对比了BI-DAQ系统、FI-ADC结构和TIADC（直接采样结构）三种架构的理论输入噪声和ENOB指标，并对本振相位以及时钟抖动的鲁棒性进行了建模分析；第2.4节对本章进行了小结。

2.1 BI-DAQ系统基本工作原理

在BI-DAQ系统中，首先，利用M个模拟滤波器（包含1个低通滤波器及$M-1$个带通滤波器）将信号频带划分为M个频率子带。其中，高频子带通过模拟混频器下变频的方式混频至低频基带信号并送入模数转转器（analog to digital convertor，ADC）进行采样，每个ADC的采样率为f_s/M，f_s为系统采样率，以此降低单个子带对ADC带宽及采样率的要求。其次，在模拟混频的过程中，选择基于超外差的混频结构，通常选择高侧本振进行混频，这是因为高侧本振混频的镜像远离混频后的基带信号，易于被混频器后端的模拟抗镜像滤波器衰减。最后，采样后的各个子带在数字域进行M倍的数字上采样（零值内插）及数字上变频等操作，将各个子带恢复至原有的频带后将多个频率子带进行拼合，以实现输入信号的重构，BI-DAQ系统的频域示意图如图2-1所示。

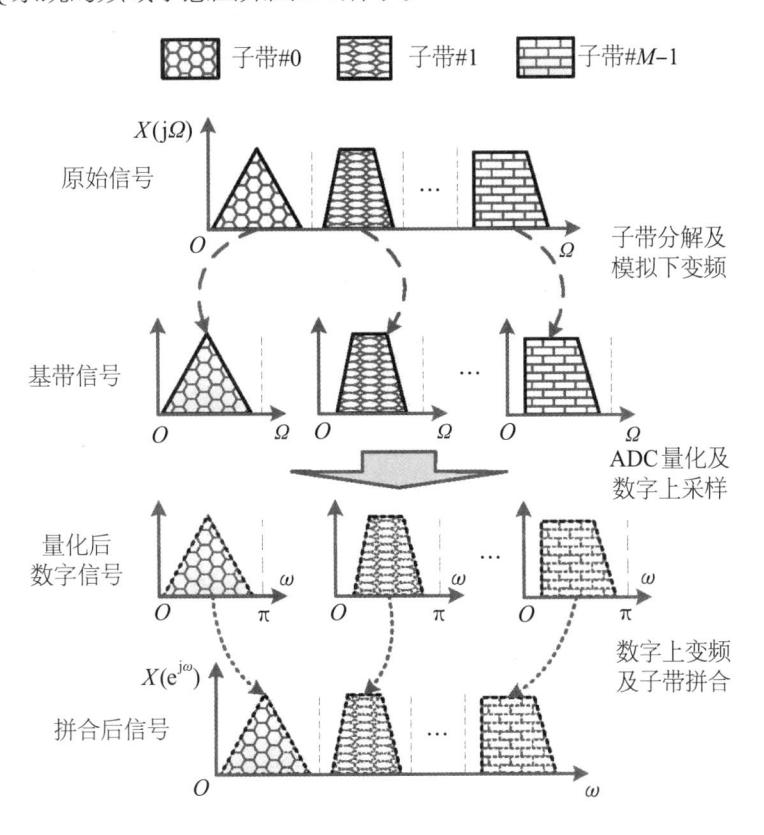

图2-1 BI-DAQ系统频域示意图

2.2 BI-DAQ系统数学建模与输入信号的完美重构

2.2.1 BI-DAQ系统的数学建模

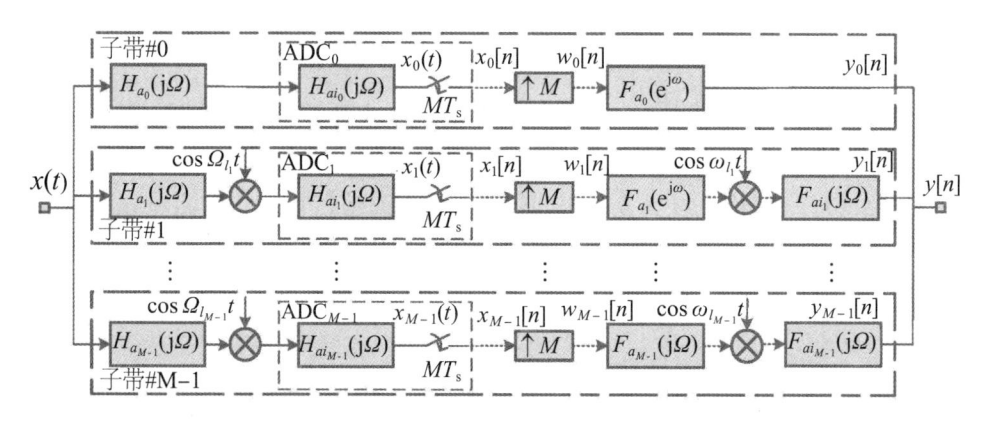

图 2-2 M 个子带的 BI-DAQ 系统数学模型

如图 2-2 所示为典型的 M 个子带的 BI-DAQ 系统数学模型。假设输入的宽带信号 $x(t)$ 为带限信号（bandlimited signal），即当 $|\Omega| > \Omega_B$ 时，$X(\mathrm{j}\Omega) = 0$，其中，$\Omega_B \leqslant \pi/T_s$ 为 BI-DAQ 的系统带宽，$T_s = 1/f_s$ 为系统采样率，$X(\mathrm{j}\Omega)$ 为 $x(t)$ 的傅里叶变换（Fourier transform，FT）。为了简便 BI-DAQ 系统的数学模型，在本节的建模中忽略模拟本振及采样钟的相位抖动，并在后续的章节中单独分析二者对于 BI-DAQ 系统的影响。如图 2-2 所示，各个频率子带采样前的模拟信号可以表示为

$$X_m(\mathrm{j}\Omega) = \begin{cases} A_0(\mathrm{j}\Omega) & m = 0 \\ \dfrac{1}{2}\left[A_m^+(\mathrm{j}\Omega) + A_m^-(\mathrm{j}\Omega)\right] & m = 1, 2, \cdots, M-1 \end{cases} \quad (2\text{-}1)$$

其中，

$$\begin{aligned}A_0(\mathrm{j}\Omega)&=X(\mathrm{j}\Omega)H_{a_0}(\mathrm{j}\Omega)H_{ai_0}(\mathrm{j}\Omega)\\A_m^+(\mathrm{j}\Omega)&=X\big(\mathrm{j}(\Omega+\Omega_{l_m})\big)H_{a_m}(\mathrm{j}(\Omega+\Omega_{l_m}))H_{ai_m}(\mathrm{j}\Omega)\\A_m^-(\mathrm{j}\Omega)&=X\big(\mathrm{j}(\Omega-\Omega_{l_m})\big)H_{a_m}(\mathrm{j}(\Omega-\Omega_{l_m}))H_{ai_m}(\mathrm{j}\Omega)\end{aligned} \quad (2\text{-}2)$$

式（2-2）中，$H_{a_m}(\mathrm{j}\Omega)$ 为子带分解滤波器的频响；$H_{ai_m}(\mathrm{j}\Omega)$ 为 ADC 的采样保持器频响，在这里充当模拟混频的抗镜像滤波器；Ω_{l_m} 为第 m 个子带的模拟本振频率。ADC 采样后的各个子带信号可以表示为

$$X_m(\mathrm{e}^{\mathrm{j}\omega})=\sum_{k=-\infty}^{\infty}X_m\left(\mathrm{j}\left(\frac{\omega}{T_\mathrm{s}}+k\cdot\omega_T\right)\right) \quad (2\text{-}3)$$

$X_m(\mathrm{e}^{\mathrm{j}\omega})$ 为 $x_m[n]$ 的离散时间傅里叶变换（Discrete Time Fourier Transform，DTFT），$\omega_T=2\pi/MT_\mathrm{s}$，$k$ 为采样引入的频移。ADC 采样后，为了系统的采样率以及避免数字上变频引入信号的混叠，需要对信号进行 M 倍的上采样，上采样后的信号可以表示为

$$W_m(\mathrm{e}^{\mathrm{j}\omega})=X_m(\mathrm{e}^{\mathrm{j}M\omega})=\sum_{k=-\infty}^{\infty}X_m\left(\mathrm{j}\left(\frac{\omega}{T_\mathrm{s}}+k\cdot\omega_T\right)\right) \quad (2\text{-}4)$$

信号经过上采样，$F_{a_m}(\mathrm{e}^{\mathrm{j}\omega})$ 作为抗混叠滤波器用于消除因上采样引入的镜像谱，高频子带通过数字上变频的方式将信号恢复至原始的频带。经过数字上变频，每个子带的输出如下所示。

$$Y_m(\mathrm{e}^{\mathrm{j}\omega})=\begin{cases}W_m(\mathrm{e}^{\mathrm{j}\omega})F_{a_m}(\mathrm{e}^{\mathrm{j}\omega}) & m=0\\ \dfrac{1}{2}\big[W_m(\mathrm{e}^{\mathrm{j}(\omega-\omega_l)})F_{a_m}(\mathrm{e}^{\mathrm{j}(\omega-\omega_l)})+\\ W_m(\mathrm{e}^{\mathrm{j}(\omega+\omega_l)})F_{a_m}(\mathrm{e}^{\mathrm{j}(\omega+\omega_l)})\big]F_{ai_m}(\mathrm{e}^{\mathrm{j}\omega}) & m=1,2,\cdots,M-1\end{cases} \quad (2\text{-}5)$$

将式（2-1）～式（2-4）带入式（2-5），可以得到每个子带最终的输出结果为

$$Y_m(\mathrm{e}^{\mathrm{j}\omega})=\begin{cases}\displaystyle\sum_{k=0}^{M-1}\Lambda_{0,k}(\mathrm{e}^{\mathrm{j}\omega}) & m=0\\ \displaystyle\sum_{k=0}^{M-1}\big[\Lambda_{m,k}(\mathrm{e}^{\mathrm{j}\omega})+\Gamma_{m,k}^+(\mathrm{e}^{\mathrm{j}\omega})+\Gamma_{m,k}^-(\mathrm{e}^{\mathrm{j}\omega})\big] & m=1,2,\cdots,M-1\end{cases} \quad (2\text{-}6)$$

其中，

$$\Lambda_{m,k}(\mathrm{e}^{\mathrm{j}\omega}) = X(\mathrm{e}^{\mathrm{j}(\omega+k\omega_T)})G_{m,k}(\mathrm{e}^{\mathrm{j}\omega})$$
$$\Gamma^+_{m,k}(\mathrm{e}^{\mathrm{j}\omega}) = X(\mathrm{e}^{\mathrm{j}(\omega+2\omega_{l_m}+k\omega_T)})O^+_{m,k}(\mathrm{e}^{\mathrm{j}\omega}) \quad (2\text{-}7)$$
$$\Gamma^-_{m,k}(\mathrm{e}^{\mathrm{j}\omega}) = X(\mathrm{e}^{\mathrm{j}(\omega-2\omega_{l_m}+k\omega_T)})O^-_{m,k}(\mathrm{e}^{\mathrm{j}\omega})$$

和

$$G_{m,k}(\mathrm{e}^{\mathrm{j}\omega}) = \begin{cases} H_{0,k}(\mathrm{e}^{\mathrm{j}\omega})F_0(\mathrm{e}^{\mathrm{j}\omega}) & m=0 \\ H^+_{m,k}(\mathrm{e}^{\mathrm{j}\omega})F^+_m(\mathrm{e}^{\mathrm{j}\omega})+H^-_{m,k}(\mathrm{e}^{\mathrm{j}\omega})F^-_m(\mathrm{e}^{\mathrm{j}\omega}) & m=1,2,\cdots,M-1 \end{cases} \quad (2\text{-}8)$$

$$O^+_{m,k}(\mathrm{e}^{\mathrm{j}\omega}) = R^+_{m,k}(\mathrm{e}^{\mathrm{j}\omega})F^+_m(\mathrm{e}^{\mathrm{j}\omega})$$
$$O^-_{m,k}(\mathrm{e}^{\mathrm{j}\omega}) = R^-_{m,k}(\mathrm{e}^{\mathrm{j}\omega})F^-_m(\mathrm{e}^{\mathrm{j}\omega}) \quad (2\text{-}9)$$

以及

$$H_{0,k}(\mathrm{e}^{\mathrm{j}\omega}) = H_{a_0}(\mathrm{e}^{\mathrm{j}(\omega+k\omega_T)})H_{ai_0}(\mathrm{e}^{\mathrm{j}(\omega+k\omega_T)})$$
$$H^+_{m,k}(\mathrm{e}^{\mathrm{j}\omega}) = H_{a_m}(\mathrm{e}^{\mathrm{j}(\omega+k\omega_T)})H_{ai_m}(\mathrm{e}^{\mathrm{j}(\omega+\omega_{l_m}+k\omega_T)}) \quad (2\text{-}10)$$
$$H^-_{m,k}(\mathrm{e}^{\mathrm{j}\omega}) = H_{a_m}(\mathrm{e}^{\mathrm{j}(\omega+k\omega_T)})H_{ai_m}(\mathrm{e}^{\mathrm{j}(\omega-\omega_{l_m}+k\omega_T)})$$

$$R^+_{m,k}(\mathrm{e}^{\mathrm{j}\omega}) = H_{a_m}(\mathrm{e}^{\mathrm{j}(\omega+2\omega_{l_m}+k\omega_T)})H_{ai_m}(\mathrm{e}^{\mathrm{j}(\omega+\omega_{l_m}+k\omega_T)}) \quad (2\text{-}11)$$
$$R^-_{m,k}(\mathrm{e}^{\mathrm{j}\omega}) = H_{a_m}(\mathrm{e}^{\mathrm{j}(\omega-2\omega_{l_m}+k\omega_T)})H_{ai_m}(\mathrm{e}^{\mathrm{j}(\omega-\omega_{l_m}+k\omega_T)})$$

$$F_0(\mathrm{e}^{\mathrm{j}\omega}) = F_{a_0}(\mathrm{e}^{\mathrm{j}\omega})$$
$$F^+_m(\mathrm{e}^{\mathrm{j}\omega}) = F_{a_m}(\mathrm{e}^{\mathrm{j}(\omega+\omega_{l_m})})F_{ai_m}(\mathrm{e}^{\mathrm{j}\omega}) \quad (2\text{-}12)$$
$$F^-_m(\mathrm{e}^{\mathrm{j}\omega}) = F_{a_m}(\mathrm{e}^{\mathrm{j}(\omega-\omega_{l_m})})F_{ai_m}(\mathrm{e}^{\mathrm{j}\omega})$$

BI-DAQ 系统拼合后的输出为

$$Y(\mathrm{e}^{\mathrm{j}\omega}) = \sum_{m=0}^{M-1} Y_m(\mathrm{e}^{\mathrm{j}\omega}) \quad (2\text{-}13)$$

式中，$Y(\mathrm{e}^{\mathrm{j}\omega})$ 为 $y[n]$ 的 DTFT。

$Y(\mathrm{e}^{\mathrm{j}\omega})$ 作为 BI-DAQ 系统的输出，可以被拆分成两个部分：

$$Y(\mathrm{e}^{\mathrm{j}\omega}) = X(\mathrm{e}^{\mathrm{j}\omega})T(\mathrm{e}^{\mathrm{j}\omega}) + \epsilon(\mathrm{e}^{\mathrm{j}\omega}) \quad (2\text{-}14)$$

式中，$T(\mathrm{e}^{\mathrm{j}\omega})$ 为系统的传递函数，表示 BI-DAQ 系统对输入信号 $X(\mathrm{e}^{\mathrm{j}\omega})$ 的幅度/相位失真函数；$\epsilon(\mathrm{e}^{\mathrm{j}\omega})$ 为系统的混叠函数，表示由采样及混频引入的杂散误差函数。

为了更为直观地说明，图 2-3 以两子带 BI-DAQ 系统为例展示了 BI-DAQ 系统的频谱混叠示意图，其中，假设模拟混频引入的镜像误差均被模拟抗镜像滤波器 $H_{ai_1}(\mathrm{j}\Omega)$ 完全消除，且所有的模拟滤波器均具有砖墙式的频响特性。

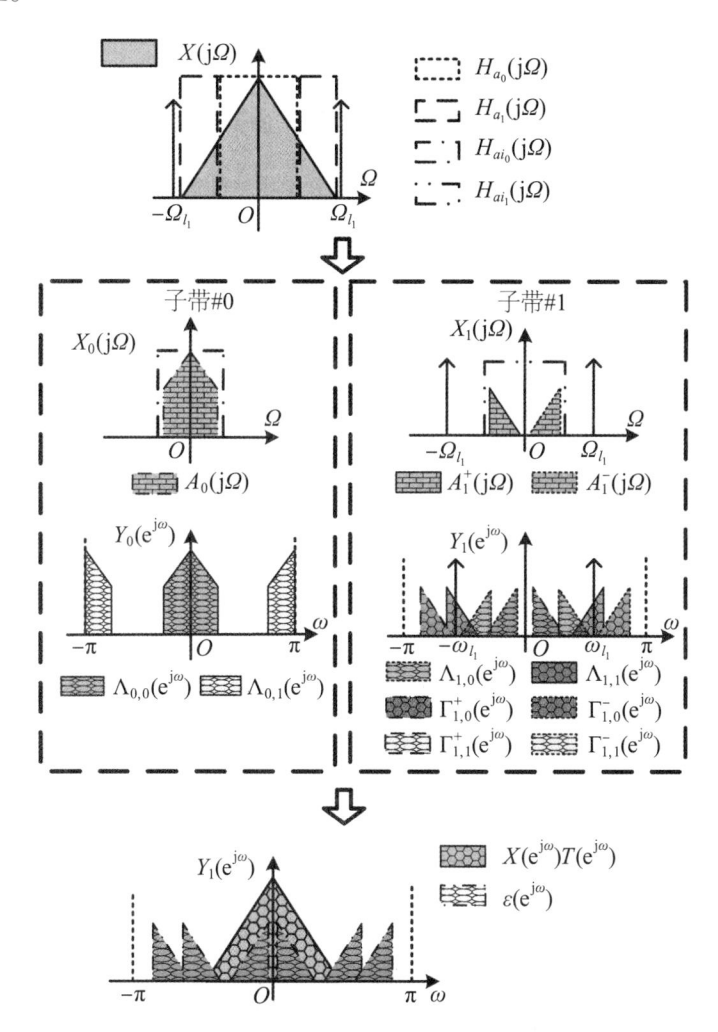

图 2-3 两子带 BI-DAQ 系统的频谱混叠示意图

由图 2-3 中可以看出，子带 0 由于只存在上采样的处理，因此产生的杂散分量 $\Lambda_{0,1}(\mathrm{e}^{\mathrm{j}\omega})$ 不会与上采样后的信号 $\Lambda_{0,0}(\mathrm{e}^{\mathrm{j}\omega})$ 发生混叠的现象，因此子带 0

只需要一个低通的抗混叠滤波器 $F_{a_0}(\mathrm{e}^{\mathrm{j}\omega})$ 即可以消除上采样引入的镜像。而在子带1中，由于上采样后仍需要进行数字上变频的处理，数字上采样和上变频产生的镜像分量会与恢复频带后的信号 $\Lambda_{1,0}(\mathrm{e}^{\mathrm{j}\omega})$ 发生混叠，因此无法用单一滤波器消除。这也是为什么子带1采用了两级滤波器的原因，即抗混叠滤波器 $F_{a_1}(\mathrm{e}^{\mathrm{j}\omega})$ 首先消除上采样引入的镜像分量，再使用抗镜像滤波器 $F_{ai_1}(\mathrm{e}^{\mathrm{j}\omega})$ 消除数字上变频引入的镜像分量。经过抗混叠滤波器 $F_{a_1}(\mathrm{e}^{\mathrm{j}\omega})$，$\Lambda_{1,1}(\mathrm{e}^{\mathrm{j}\omega}) = \Gamma_{1,1}^+(\mathrm{e}^{\mathrm{j}\omega}) = \Gamma_{1,1}^-(\mathrm{e}^{\mathrm{j}\omega}) = 0$，$\omega \in [-\pi, \pi]$；经过抗镜像滤波器 $F_{ai_1}(\mathrm{e}^{\mathrm{j}\omega})$，$\Lambda_{1,0}^+(\mathrm{e}^{\mathrm{j}\omega}) = \Lambda_{1,0}^-(\mathrm{e}^{-\mathrm{j}\omega}) = 0$，$\omega \in [-\pi, \pi]$。

2.2.2 输入信号的完美重构

根据上述的推导，传递函数 $T(\mathrm{e}^{\mathrm{j}\omega})$ 及混叠函数 $\epsilon(\mathrm{e}^{\mathrm{j}\omega})$ 可以写作

$$T(\mathrm{e}^{\mathrm{j}\omega}) = \sum_{m=0}^{M-1} G_{m,0}(\mathrm{e}^{\mathrm{j}\omega}) \tag{2-15}$$

及

$$\epsilon(\mathrm{e}^{\mathrm{j}\omega}) = \sum_{k=0}^{M-1} \left[X(\mathrm{e}^{\mathrm{j}(\omega + 2\omega_{l_m} + k\omega_T)}) E_{I_k}^+(\mathrm{e}^{\mathrm{j}\omega}) + X(\mathrm{e}^{\mathrm{j}(\omega - 2\omega_{l_m} + k\omega_T)}) E_{I_k}^-(\mathrm{e}^{\mathrm{j}\omega}) \right] + \sum_{k=1}^{M-1} X(\mathrm{e}^{\mathrm{j}(\omega + k\omega_T)}) E_{A_k}(\mathrm{e}^{\mathrm{j}\omega}) \tag{2-16}$$

在式（2-16）中，$E_{I_k}(\mathrm{e}^{\mathrm{j}\omega})$ 和 $E_{A_k}(\mathrm{e}^{\mathrm{j}\omega})$ 分别对应系统的镜像误差抑制函数及混叠误差抑制函数，可以写作

$$\begin{aligned} E_{I_k}^+(\mathrm{e}^{\mathrm{j}\omega}) &= \sum_{m=0}^{M-1} O_{m,k}^+(\mathrm{e}^{\mathrm{j}\omega}) \\ E_{I_k}^-(\mathrm{e}^{\mathrm{j}\omega}) &= \sum_{m=0}^{M-1} O_{m,k}^-(\mathrm{e}^{\mathrm{j}\omega}) \\ E_{A_k}(\mathrm{e}^{\mathrm{j}\omega}) &= \sum_{m=0}^{M-1} G_{m,k}(\mathrm{e}^{\mathrm{j}\omega}) \end{aligned} \tag{2-17}$$

在理想情况下，当 BI-DAQ 系统的传递函数 $T(\mathrm{e}^{\mathrm{j}\omega})$ 满足

$$T(\mathrm{e}^{\mathrm{j}\omega}) = \begin{cases} C \times \mathrm{e}^{-\mathrm{j}\omega D} & |\omega| \leqslant \dfrac{B}{T_\mathrm{s}} \\ 0 \end{cases} \qquad (2\text{-}18)$$

其中，C 和 D 分别为系统增益和群时延，且镜像误差和混叠误差抑制函数 $E_{I_k}(\mathrm{e}^{\mathrm{j}\omega})$，$E_{A_k}(\mathrm{e}^{\mathrm{j}\omega})$ 满足

$$\begin{aligned} E_{I_k}^-(\mathrm{e}^{\mathrm{j}\omega}) &= E_{I_k}^+(\mathrm{e}^{\mathrm{j}\omega}) = 0 \\ E_{A_k}(\mathrm{e}^{\mathrm{j}\omega}) &= 0 \end{aligned} \qquad (2\text{-}19)$$

则当 BI-DAQ 系统的输出是输入信号 $X(\mathrm{j}\Omega)$ 的增益与纯延时，消除了 BI-DAQ 系统引入的各类杂散，达到输入信号的 PR 条件。

2.3 带宽交织采样与其他并行采样技术的对比

根据第一章 1.2 节中描述的几种并行采样结构可以看出，TIADC 系统中的各个通道中 ADC 的电路与输入信号直接相连，因此其被称为直接采样（direct sampling，DS）结构；在 FIADC 系统中，信号首先被送入混频器中混频至基带，再经过模拟低通滤波器送入 ADC 的电路，且采用零中频的混频结构，因此其被称为零中频采样（zero-if sampling，ZS）结构；在 BI-DAQ 系统中，信号首先经过模拟滤波器将系统带宽切割分成若干个窄频率子带，切割后的频率子带再经过混频器混至基带，混频后经过模拟低通滤波器送入 ADC 的电路进行采样，称为混频后采样（mix-then sampling，MTS）结构，三种采样结构示意图如图 2-4 所示。

在这三种采样结构中，ZS 和 MTS 结构可以克服 DS 结构对采样钟抖动的敏感性。而 MTS 结构与 ZS 结构相比，前者可以获得更低的系统噪声。本节将依次对系统的输入噪声、有效位数（effective number of bits，ENOB）

与输入信号频率 f_{in} 的关系以及采样时钟与相位时钟抖动的影响展开讨论。

在图2-4中,为了确保ADC采集不发生混叠,DS结构中ADC的系统采样率 f_s 满足 $f_s \geqslant 2f_{in}$,ZS结构和MTS结构中ADC的系统采样率均满足 $f_s/M \geqslant 2|f_{LO}-f_{in}|$,$f_{LO}$ 为模拟本振信号频率,M 为划分的子带个数。

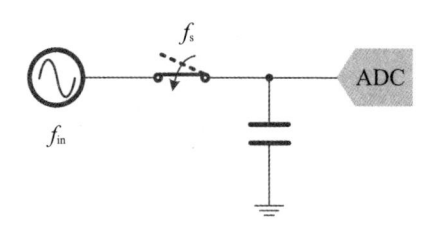

(a)直接采样(DS)结构

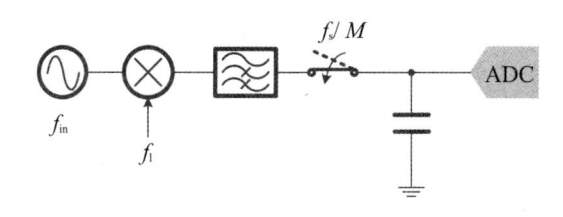

(b)零中频采样(ZS)结构

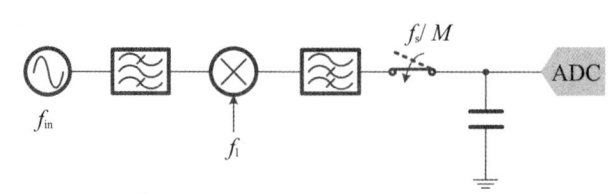

(c)混频后采样(MTS)结构

图2-4 三种采样结构示意图

2.3.1 输入噪声对比分析

在DS结构中，如图2-5（a）所示，采样前的抗混叠滤波器将信号的噪声限制在DC~$f_{in,max}$，而系统采样率$f_s \geqslant 2f_{in,max}$的过采样约束使得噪声信号不会发生混叠的现象。在ZS结构中，如图2-5（b）所示，由于ZS结构省略了混频器前端的模拟带通滤波器，全部的信号噪声都馈入了混频器中。以Sub 0频带信号为例，其本振信号位于频带的中央，记作$f_{LO,0}$，该本振信号将Sub 0的噪声搬移至基带附近。与此同时，$f_{LO,0}$的三次谐波将本属于Sub 2的噪声也搬移至基带附近，导致两个频带的噪声在基带发生了叠加的现象，从而影响Sub 0频带信号的SNR。在MTS结构中，如图2-5（c）所示，由于首先采用了模拟滤波器$H_{a_m}(j\Omega)$将噪声划分成了多个频率子带，因此进入混频器的噪声只包含当前频率子带的噪声。同时，模拟实数混频且选择高侧本振进行混频时，镜像远离基带信号，易于被后端的模拟抗镜像滤波器$H_{ai_m}(j\Omega)$消除，因此不会发生噪声混叠的现象。

综上，在三种采样结构中，ZS结构由于混频前缺少带通滤波器，本振谐波会将其他频率子带的噪声叠加至基带，影响信号的SNR；而DS结构和本书研究的MTS结构不存在噪声叠加的问题，相较于ZS结构具有更优良的SNR。

(a) 直接采样（DS）结构

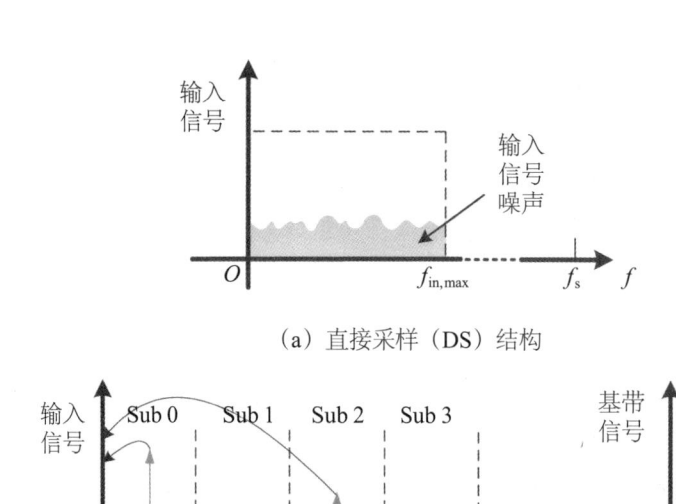

(b) 零中频采样（ZS）结构

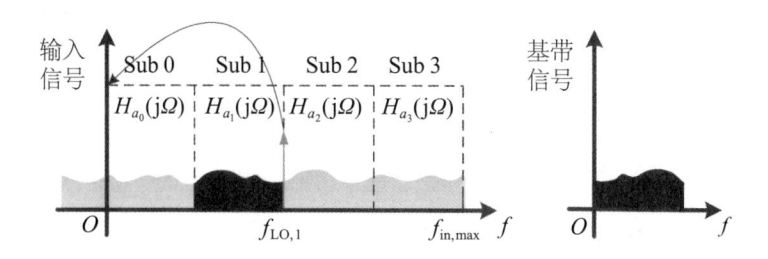

(c) 混频后采样（MTS）结构

图 2-5　三种采样结构噪声对比

2.3.2　ENOB 随 f_{in} 变化的对比分析

在采集系统中，ENOB 是十分重要的衡量指标，可以通过系统的 SNR 进行计算，直接反映系统对信号量化的准确度。对于图 2-4（a）中的 DS 结构，其 ENOB 主要受系统 ADC 量化位数及采样钟抖动的影响[43]。DS 结构的 SNR 可以根据下式计算。

$$\mathrm{SNR_{DS,Total}} = -20\log\sqrt{10^{-\frac{\mathrm{SNR_{DS,Quan}}}{10}} + 10^{-\frac{\mathrm{SNR_{DS,Jitter}}}{10}}} \quad (2\text{-}20)$$

式中，

$$\mathrm{SNR_{DS,Quan}} = 6.02 \times Q + 1.76 \quad (2\text{-}21)$$

为量化噪声对SNR的影响，Q为ADC的ENOB。式（2-20）中的$\mathrm{SNR_{DS,Jitter}}$随着频率的增加而降低，信号频率每增加10倍，系统的ENOB则下降3 bit，DS结构中ENOB与输入信号频率的关系如图2-6所示。而在式（2-21）中，ENOB与信号频率无关。

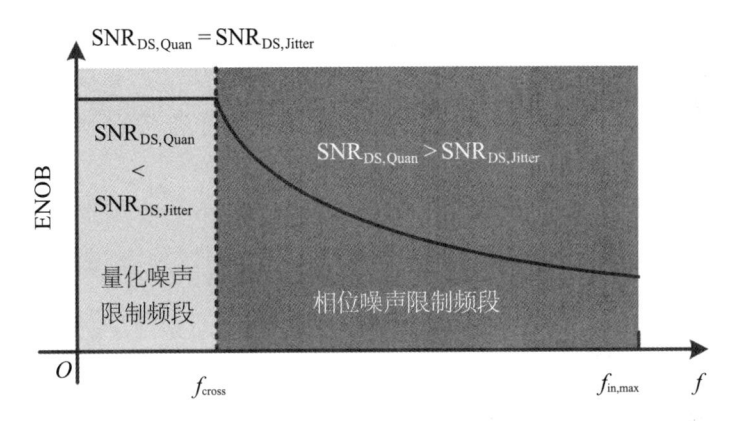

图2-6 DS结构中ENOB与输入信号频率的关系

比较式（2-20）及式（2-21），存在一个频率点f_{cross}使得$\mathrm{SNR_{DS,Jitter}} = \mathrm{SNR_{DS,Quan}}$，该频率点被称为转折频率。当输入信号频率$f_{\mathrm{in}} < f_{\mathrm{cross}}$时，$\mathrm{SNR_{DS,Quan}} < \mathrm{SNR_{DS,Jitter}}$，此时系统的ENOB主要受量化位数的影响，称为量化噪声限制频段。随着输入信号频率的增加，当$f_{\mathrm{in}} > f_{\mathrm{cross}}$时，$\mathrm{SNR_{DS,Quan}} > \mathrm{SNR_{DS,Jitter}}$，此时系统的ENOB主要受时钟抖动的影响，称为相位噪声限制频段。

不同于DS结构，ZS结构及MTS结构在整个奈氏域中具有相对平坦的ENOB，如图2-7所示。

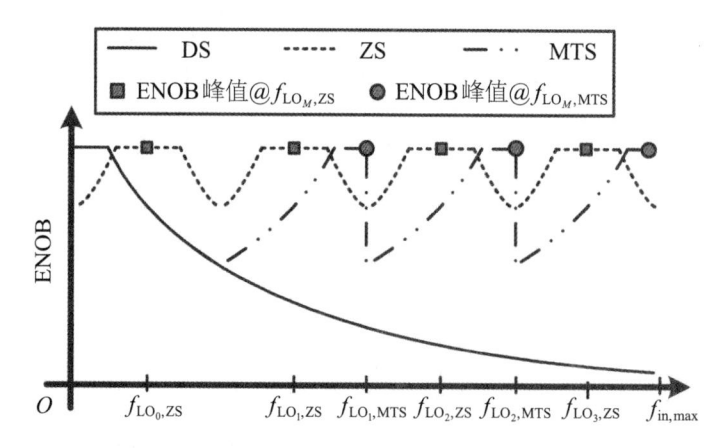

图2-7 三种采样结构的ENOB与输入信号频率的关系（忽略模拟本振信号相位噪声）

在图2-7中，ZS结构的ENOB的峰值点出现在 $f_{\mathrm{LO}_M,\mathrm{ZS}}$ 处，即ZS结构各个子带的本振频率。这是因为在ZS结构混频的过程中，将高频信号搬移到了低频带，因此送入ADC中的信号频率落入图2-6所示的量化噪声限制频段，随着输入信号频率的增加，经过混频后的信号又一次落入图2-6所示的相位噪声限制频段。随着输入信号频率进一步增加，信号将落入下一频率子带的量化噪声限制频段，依此类推，因此ZS结构在全频带内具有较为平坦的ENOB指标。MTS结构与ZS结构类似，其ENOB的峰值点出现在 $f_{\mathrm{LO}_M,\mathrm{MTS}}$，不同点在于，由于MTS结构采用高侧混频的方式，因此在同等带宽及子带数的情况下，MTS结构的基带信号的最大频率往往要大于ZS结构，这也导致了更多的频率信号落入图2-6中的相位噪声限制频段，从而与ZS结构相比MTS结构更容易受到时钟抖动的影响。

在图2-7中，ZS结构和MTS结构均获得了比DS结构更优的ENOB曲线，特别是在高频段，混频器的引入将高频信号降至基带后进行采样，降低了高频信号对采样钟抖动的敏感性。相较于ZS结构，MTS架构的ENOB虽然较低，但由于MTS结构第一子带不参与混频，保证了低频段的ENOB；而ZS结构由于所有子带都引入了混频器，因此会降低低频段的ENOB性能，如图2-7所示。

综上，MTS结构与ZS结构均可以提升采样系统的ENOB指标，但ZS

结构会损失低频段的ENOB指标，MTS结构可以在不损失低频段ENOB指标的前提下提升高频信号采集的ENOB指标。本节中的ZS结构和MTS结构均忽略了混频过程中本振信号相位噪声的影响。

2.3.3 时钟稳定性建模及分析

根据前面的分析，引入混频器的MTS结构和ZS结构通过将高频信号混频至低频带的方式，减少了输入至ADC电路信号的信号带宽，提供了更为稳健的采样时钟抖动鲁棒性，但是并没有考虑混频过程中本振信号相位抖动误差的影响。本节将从时域的角度进行分析，详细阐述BI-DAQ系统中采样时钟抖动和本振信号相位抖动对系统性能指标的影响。

在分析本振信号相位抖动对系统的影响前，本节首先分析了采样钟抖动对信号的影响，这有助于更好地理解BI-DAQ系统中本振信号相位抖动的影响。如图2-8所示，采样钟的抖动将会导致采样信号幅度的偏移。可以看出，在Δt固定的情况下，信号频率越高，带来的偏移误差就越大，偏移的幅度与信号的斜率成正比，可以表示为

$$v_{\text{error}}, A_x(t) = \frac{\mathrm{d}A_x(t)}{\mathrm{d}t} \cdot \sigma_{\text{Jitter,Clock}} \tag{2-22}$$

式中，$A_x(t) = A\cos(2\pi f_{\text{in}} t)$为输入信号，则输出信号可以表示为

$$\begin{aligned} v_{\text{sample}}, A_x(t) &= A_x(t) + v_{\text{error}}, A_x(t) \\ &= A\cos(2\pi f_{\text{in}} t) + A 2\pi f_{\text{in}} \sigma_{\text{Jitter,Clock}} \sin(2\pi f_{\text{in}}) \end{aligned} \tag{2-23}$$

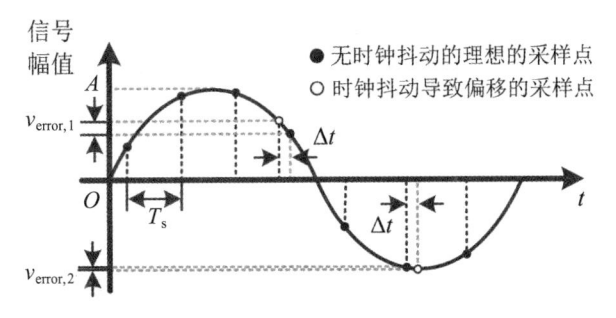

图2-8 采样钟抖动对采样信号的影响

观察式（2-23）可以发现，误差信号 $v_{\text{error},A_x}(t)$ 为幅度是 $2\pi f_{\text{in}}\sigma_{\text{Jitter,Clock}}$，相位与输入信号相差 90° 的正弦信号。在输入信号过零点时，时钟相位抖动引起的误差达到最大值，则时钟抖动的 SNR 可以根据下式计算。

$$\text{SNR}_{\text{Jitter,sampling}} = \frac{\left(\dfrac{A}{\sqrt{2}}\right)^2}{\left(\dfrac{A2\pi f_{\text{in}}\sigma_{\text{Jitter,Clock}}}{\sqrt{2}}\right)^2} = \frac{1}{\left(2\pi f_{\text{in}}\sigma_{\text{Jitter,Clock}}\right)^2} \qquad (2\text{-}24)$$

对式（2-24）取对数即可得到式（2-20）所示的 SNR 公式。为了研究 MTS 结构中整条信号链路 SNR 的影响，本节首先计算第 m 个频率子带经过混频后基带送入 ADC 电路的信号时域表达式 $v_{\text{LPF},m}(t)$，并将其代入公式（2-24）中分析抖动的影响。引入抖动的本振信号可以表示为

$$v_{\text{LO},m} = \cos\left(2\pi f_{l_m}t + \Delta\phi_m(t)\right) \qquad (2\text{-}25)$$

$\Delta\phi(t)$ 为本振信号的相位噪声，则本振输出的信号根据积化和差公式可以表示为

$$\begin{aligned}
v_{\text{mix},m}(t) &= v_{\text{in}}(t) \cdot 2v_{\text{LO},m}(t) \\
&= \cos(2\pi f_{\text{in}}t) \cdot 2\cos\left(2\pi f_{l_m}t + \Delta\phi_m(t)\right) \\
&= \underbrace{\cos 2\pi\left((f_{\text{in}} - f_{l_m})t - \Delta\phi_m(t)\right)}_{\text{基带信号}} + \underbrace{\cos\left(2\pi(f_{\text{in}} + f_{l_m})t + \Delta\phi_m(t)\right)}_{\text{高频镜像}}
\end{aligned} \qquad (2\text{-}26)$$

由于选择高侧本振进行混频，混频后的抗镜像滤波器可以将混频产生的高频镜像分量完全滤除。根据和差化积公式，送入 ADC 电路的基带信号可以表示为

$$\begin{aligned}
v_{\text{LPF},m}(t) &= \cos\left(2\pi\left(f_{\text{in}} - f_{l_m}\right)t - \Delta\phi_m(t)\right) \\
&= \cos\Delta\phi_m(t) + \sin\Delta\phi_m(t)\sin(2\pi f_{\text{IF}}t) \\
&= \cos(2\pi f_{\text{IF}}t) + \Delta\phi_m(t)\sin(2\pi f_{\text{IF}}t)
\end{aligned} \qquad (2\text{-}27)$$

式中，$f_{\text{IF}} = |f_{l_m} - f_{\text{in}}|$ 为基带信号的频率。

式（2-27）中利用了两个等价无穷小，即 $\lim\limits_{\Delta\phi_m(t)\to 0}\sin\Delta\phi_m(t) = \Delta\phi_m(t)$ 以及 $\lim\limits_{\Delta\phi_m(t)\to 0}\cos\Delta\phi_m(t) = 1$。

式（2-27）中，模拟本振信号的相位噪声通过混频的方式被调制到了基带信号上，如图 2-9 所示，将式（2-27）中的基带信号 $v_{\text{LPF},m}(t)$ 带入

式（2-22）中，即可得到 MTS 结构电路输出的结果为

$$v_{\text{out,MTS}}(t) = v_{\text{LPF},m}(t) + \frac{\mathrm{d}v_{\text{LPF},m}(t)}{\mathrm{d}t} \cdot \sigma_{\text{Jitter,Clock}}$$
$$= \cos(2\pi f_{\text{IF}}t) + \Delta\phi_m(t)\sin(2\pi f_{\text{IF}}t) +$$
$$\sigma_{\text{Jitter,Clock}}\left(2\pi f_{\text{IF}} - \frac{\mathrm{d}\Delta\phi_m(t)}{\mathrm{d}t}\right)\sin(2\pi f_{\text{IF}}t - \Delta\phi_m(t)) \quad (2\text{-}28)$$

图 2-9 模拟本振信号具有相位抖动的混频过程频域示意图

在式（2-28）中，第一项为中频信号，第二项为混频引入的加性噪声，第三项则是由采样时钟抖动引入的幅度误差。与式（2-23）相比，噪声项多了一项加性噪声 $\Delta\phi_m(t)\sin(2\pi f_{\text{IF}}t)$，相较于 DS 结构似乎降低了系统的 SNR 指标，然而对于 DS 结构而言，如果 $\sigma_{\text{Jitter,Clock}} = 0$，则 DS 结构的 SNR 只受系统的量化噪声限制。因此，第二项的加性噪声对系统 SNR 指标的提升十分重要。

式（2-28）中的第三项为采样时钟抖动引入的幅度误差，根据前文的讨论，其与输入信号的频率成正比。方括号中的第一项是确定频率项，而第二项则是相位噪声导致瞬时频率的不确定度。该不确定度的大小远远小于确定频率项 $2\pi f_{\text{IF}}$，因此可以忽略不计，则式（2-28）可以重写为

$$v_{\text{out,MTS}}(t) = \cos(2\pi f_{\text{IF}}t) + \Delta\phi_m(t)\sin(2\pi f_{\text{IF}}t) +$$
$$\sigma_{\text{Jitter,Clock}} 2\pi f_{\text{IF}} \sin(2\pi f_{\text{IF}}t - \Delta\phi_m(t)) \quad (2\text{-}29)$$

利用三角恒等式，式（2-29）的最后一项可以展开为

$$\sigma_{\text{Jitter,Clock}} 2\pi f_{\text{IF}} \sin(2\pi f_{\text{IF}}t - \Delta\phi_m(t))$$
$$= \sigma_{\text{Jitter,Clock}} 2\pi f_{\text{IF}}[\sin(2\pi f_{\text{IF}}t)\cos(\Delta\phi_m(t)) - \cos(2\pi f_{\text{IF}}t)\sin(\Delta\phi_m(t))]$$
$$= \sigma_{\text{Jitter,Clock}} 2\pi f_{\text{IF}}[\sin(2\pi f_{\text{IF}}t) - \cos(2\pi f_{\text{IF}}t)\Delta\phi_m(t)] \quad (2\text{-}30)$$

由于式（2-30）中的 $\Delta\phi_m(t)$ 远小于1，可以忽略不计，则MTS结构最终的输出可以表示为

$$v_{\text{out,MTS}}(t) = \cos(2\pi f_{\text{IF}}t) + \Delta\phi_m(t)\sin(2\pi f_{\text{IF}}t) + \sigma_{\text{Jitter,Clock}}2\pi f_{\text{IF}}\sin(2\pi f_{\text{IF}}t) \quad (2\text{-}31)$$

为了估算 $v_{\text{out,MTS}}(t)$ 的SNR，需要计算式（2-31）中信号项（第一项）以及噪声项（后两项）的功率，第一项和第三项可以采用与式（2-24）类似的方式直接计算。第二项中 $\Delta\phi_m(t)$ 为一个统计过程，可以通过频域的方式进行计算。假设相位噪声 $\Delta\phi_m(t)$ 为一个广义平稳随机过程（generalized stationary random process，GSRP），其单边带（single side band，SSB）噪声为 $\mathcal{L}_{\text{LO}}(f)$ [70,71]。根据帕塞瓦尔定理（Parseval's theorem），相位噪声的功率可以根据下式频域积分的方式计算[72~73]，有

$$\sigma_{\text{Jitter,LO}} = \sqrt{2\int_0^{f_{\text{IF,MAX}}} 10^{\frac{\mathcal{L}_{\text{LO}}(f)}{10}} \, df} \quad (2\text{-}32)$$

则MTS结构的SNR可以表示为

$$\text{SNR}_{\text{Jitter,total}} = \frac{1}{(\sigma_{\text{Jitter,Clock}}2\pi f_{\text{IF}})^2 + 2\sigma_{\text{Jitter,LO}}^2} \quad (2\text{-}33)$$

在式（2-33）中，当 $\sigma_{\text{Jitter,LO}} = 0$ 时，即在本振不存在相位噪声的情况下，$\text{SNR}_{\text{Jitter,total}}$ 只与中频信号频率 f_{IF} 相关，即可得到如图2-7所示的曲线。MTS结构中本振相位噪声对系统ENOB的影响如图2-10所示。

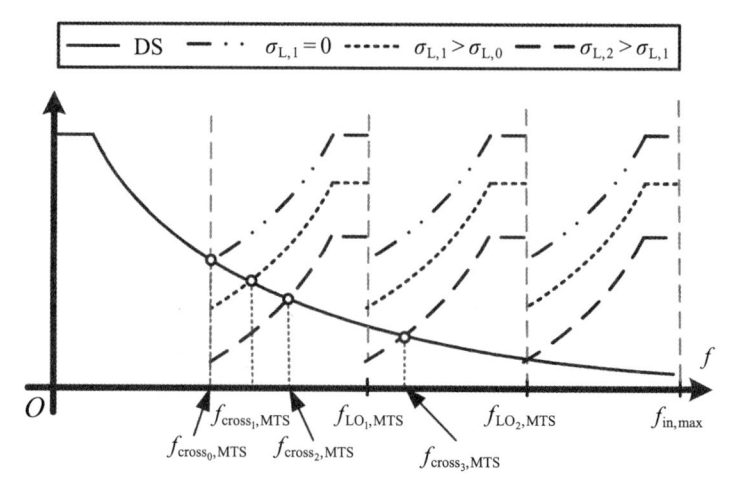

图2-10　MTS结构中本振相位噪声对系统ENOB的影响

从图2-10中可以看出，并非任何情况下MTS结构都比DS结构具有更高的时钟稳定性。例如，当相位抖动为$\sigma_{L,1}$，信号频率$f \in [f_{\text{cross}_0,\text{MTS}}, f_{\text{cross}_1,\text{MTS}}]$时，MTS结构的ENOB小于DS结构的ENOB，其中，f_{cross}是ENOB的转折点，该转折点满足$\text{SNR}_{\text{Jitter,total}} = \text{SNR}_{\text{Jitter,sampling}}$，即

$$\frac{1}{\left(2\pi f_{\text{cross}} \sigma_{\text{Jitter,Clock}}\right)^2} = \frac{1}{\left(\sigma_{\text{Jitter,Clock}} 2\pi \left| f_{\text{cross}} - f_{l_m} \right|\right)^2 + 2\sigma_{\text{Jitter,LO}}^2} \tag{2-34}$$

f_{l_m}为f_{cross}所在频率子带对应的本振频率。随着$\sigma_{\text{Jitter,LO}}$的进一步增大，$f_{\text{cross}}$的频率也随之增大，当$\sigma_{\text{Jitter,LO}}$大于一定值时，甚至会出现多段频率MTS结构的ENOB小于DS结构。因此，需要控制模拟本振的相位噪声在一定阈值内，才能保证MTS结构对DS结构在时钟鲁棒性上的优势。

在MTS结构中，往往采样钟与模拟本振采用同源设计，即两者的SSB噪声满足：

$$\mathcal{L}_{\text{LO}}(f) = \mathcal{L}_{\text{Clock}}(f) \tag{2-35}$$

参考式（2-32）相位噪声，$\sigma_{\text{Jitter,Clock}}$可以通过下式计算：

$$\sigma_{\text{Jitter,Clock}} = \sqrt{2 \int_0^{f_{\text{IN,MAX}}} 10^{\frac{\mathcal{L}_{\text{Clock}}(f)}{10}} df} \tag{2-36}$$

由于$f_{\text{IN,MAX}} \sim f_{\text{IF,MAX}}$，则

$$\sigma_{\text{Jitter,Clock}} \sim \sigma_{\text{Jitter,LO}} \tag{2-37}$$

因此可以得出结论，在MTS结构中，本振信号的相位噪声要小于DS结构中采样钟的相位噪声。

2.4 本章小结

本章首先阐述了BI-DAQ系统的基本工作原理，建立了BI-DAQ系统的数学模型，分析了杂散谱产生的原因及输入信号PR的条件，为后续的误差校正及系统补偿提供了理论依据和技术前提。与此同时，本章对比了

BI-DAQ系统（MTS结构）与其他采样结构，包括基于零中频的FIADC技术（ZS采样结构），TIADC技术（DS采样结构），重点详细分析了MTS结构相较于ZS结构和DS结构在系统输入噪声、ENOB频率响应、采样钟抖动及本振相位噪声鲁棒性的优势。

通过对比研究发现，相较于DS结构和ZS结构，BI-DAQ系统的MTS结构得益于子带分解滤波器的存在，使得混频过程中不会发生噪声的叠加，相较于ZS结构具有更低的输入噪声。模拟电路端引入的混频器降低了ADC电路输入端的最大信号频率，使得MTS结构相较于DS结构具有更强的采样钟抖动的鲁棒性，对于宽带高频信号可以获得更高的ENOB性能。与同样引入混频机制的ZS结构相比，BI-DAQ系统的第一子带不进行混频操作，因此很大程度保留了ADC采集系统的ENOB性能，而ZS结构本振相位噪声会破坏第一子带的ENOB性能，并以此作为牺牲换取高频子带ENOB的提升。此外，通过对采样时钟抖动及本振信号相位误差的建模分析，从理论上证明了DS采样结构中采样钟抖动对ENOB指标的影响大于MTS结构中本振信号相位噪声对ENOB指标的影响。随后的研究证明，只有将本振的相位噪声控制在一定范围内，才能保证BI-DAQ系统对采样钟抖动的鲁棒性。

第三章

带宽交织采样架构中的子带恢复技术

根据2.1节中阐述的BI-DAQ的工作原理,系统在模拟电路端,通过子带分解滤波器及模拟下变频等方式将频带划分为若干个低频子带,以此降低单个频率子带对ADC带宽的要求。经过ADC采样的数字信号需要通过数字上采样及数字上变频等信号处理流程,将信号恢复至原有的子带再进行拼合及校正工作。

本章围绕数字采样后子带的恢复展开研究,主要包括数字上采样及数字上变频理论,并针对数字上采样及数字上变频产生的杂散误差设计相应的滤波器,从而使得BI-DAQ系统满足式(2-19)中关于杂散误差的抑制条件;解决在数字上变频及模拟下变频过程中面临的模拟和数字本振相位同步等问题,确保频带在数字后端恢复的准确性,为数字后端校正及信号PR的实现提供前提条件。

3.1 数字上采样技术

数字上采样及抗混叠滤波是BI-DAQ数字信号处理的第一步。数字上采样处理一方面可以根据混合滤波器组理论来恢复 BI-DAQ 系统的采样率；另一方面经过上采样及抗镜像滤波的信号可以避免后端数字上变频的镜像分量与信号发生混叠，影响后端的数字校正过程，导致信号重构的失真[74]。

3.1.1 数字上采样原理

数字上采样的本质是通过零值内插的方式实现数字信号采样率的提升，设插值的倍数为 L，根据滤波器组理论，L 为一正整数且等于 BI-DAQ 系统的子带个数[75]。设插值前的信号为 $x(n)$，插值后的信号为 $r(n)$，则

$$r(n)=\begin{cases} x(n/L) & n=0,\pm L,\pm 2L,\cdots \\ 0 & \end{cases} \quad (3\text{-}1)$$

插值后的信号采样率变为原来的 L 倍，其 z 域表达式为

$$R(z)=\sum_{n=-\infty}^{\infty} r(n)z^{-n}=\sum_{k=-\infty}^{\infty} x(k)z^{-Lk}=X(z^L) \quad (3\text{-}2)$$

同理，频域表达式为

$$R(\mathrm{e}^{\mathrm{j}\omega})=X(\mathrm{e}^{\mathrm{j}\omega L}) \quad (3\text{-}3)$$

式（3-3）中，$X(\mathrm{e}^{\mathrm{j}\omega})$ 和 $R(\mathrm{e}^{\mathrm{j}\omega})$ 是周期为 2π 及 $2\pi/L$ 的周期信号，插值前后信号频域的变化如图 3-1 所示。

在图 3-1（b）中可以看出，插值后 $X(\mathrm{e}^{\mathrm{j}\omega})$ 信号的频谱被压缩了 L 倍，同时在 $[-\pi,\pi]$ 内产生了 $L-1$ 个镜像谱，产生了混叠的现象，因此必须对插值后的信号 $r(n)$ 进行滤波处理，消除由于插值引入的镜像分量。实际上，式（3-1）的补零插值过程没有增加任何信息，因此并不是实际意义上的插值。为了实现有效的插值，需要再将零值内插后的信号 $r(n)$ 通过一个低通抗混叠滤波器 $F_a(\mathrm{e}^{\mathrm{j}\omega})$，其幅频响应满足：

(a) 插值前信号 |X(e^jω)|

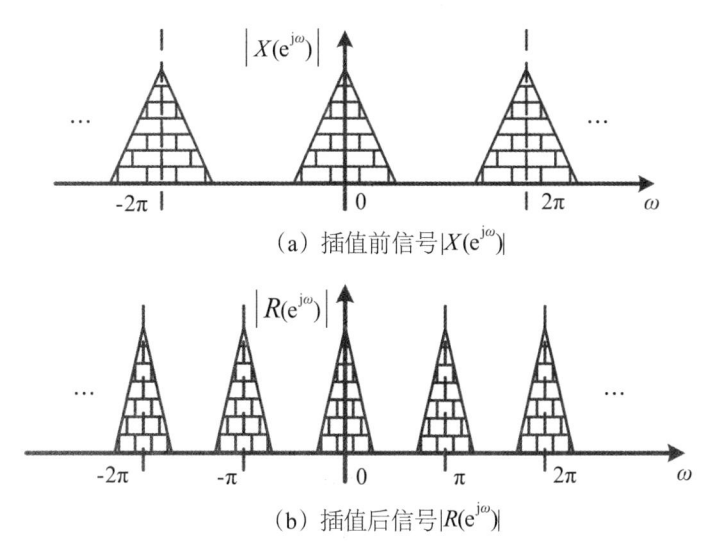

(b) 插值后信号 |R(e^jω)|

图 3-1　插值前后信号频域的变化，$L=2$

$$F_a(e^{j\omega}) = \begin{cases} 1 & |\omega| \leq \dfrac{\pi}{L} \\ 0 & \text{其他} \end{cases} \quad (3-4)$$

设 $y(n)$ 为 $r(n)$ 经过滤波器的输出，如图 3-2 所示。

图 3-2　插值及滤波示意图

其中的抗混叠滤波器 $F_a(e^{j\omega})$ 起到了在频域消除镜像分量与时域平滑的作用。由式（3-1）及图 3-2，有

$$\begin{aligned} y(n) &= L \times r(n) * f_a(n) = \sum_k r(n) f_a(n-k) \\ &= L \times \sum_k x(k/L) f_a(n-k) \\ &= L \times \sum_{k=-\infty}^{\infty} x(k) f_a(n-kL) \end{aligned} \quad (3-5)$$

式中，$f_a(n)$ 为一因果序列，是滤波器 $F_a(e^{j\omega})$ 的时域系数。

3.1.2 多相结构的数字上采样

在图3-2所示的插值结构中，存在大量乘零的冗余计算，降低了插值的运算效率。信号的多相（polyphase）结构具有重要的作用，特别是在插值结构中，可以省略不必要的计算，从而大大提高插值的运算速度，提升插值的效率。

假定插值滤波器 $F_a(z)$ 被拆分成多相的相数与插值倍数均为 L，滤波器的系数长度为 N，且 $N \% L = 0$，$\%$ 为求余运算符，即滤波器系数长度为 L 的整数倍，则有

$$F_a(z) = \begin{bmatrix} Z^0 \\ Z^{-1} \\ \vdots \\ Z^{-(L-1)} \end{bmatrix}^T \cdot \begin{bmatrix} f_a(0) & f_a(L) & \cdots & f_a(N-L) \\ f_a(1) & f_a(L+1) & \cdots & f_a(N-L+1) \\ \vdots & \vdots & & \vdots \\ f_a(L-1) & f_a(2L-1) & \cdots & f_a(N-1) \end{bmatrix} \cdot \begin{bmatrix} Z^0 \\ Z^{-L} \\ \vdots \\ Z^{-(N-L)} \end{bmatrix} \quad (3\text{-}6)$$

令

$$E_l(z) = \begin{bmatrix} f_a(0) & f_a(L) & \cdots & f_a(N-L) \\ f_a(1) & f_a(L+1) & \cdots & f_a(N-L+1) \\ \vdots & \vdots & & \vdots \\ f_a(L-1) & f_a(2L-1) & \cdots & f_a(N-1) \end{bmatrix} \cdot \begin{bmatrix} Z^0 \\ Z^{-1} \\ \vdots \\ Z^{-(N/L-1)} \end{bmatrix} \quad (3\text{-}7)$$

则式（3-6）可以写作：

$$\begin{bmatrix} Z^0 \\ Z^{-1} \\ \vdots \\ Z^{-(L-1)} \end{bmatrix}^T \cdot \begin{bmatrix} E_0(z^L) \\ E_1(z^L) \\ \vdots \\ E_{L-1}(z^L) \end{bmatrix} \quad (3\text{-}8)$$

基于多相分解的插值结构如图3-3所示。在图3-3的基础上，利用插值的等效变换[75]，将抗混叠滤波器 $E_l(z)$ 移到插值器之前，使滤波器保持在插值之前的低速率工作状态，可以得到如图3-4所示的高效多相插值结构。

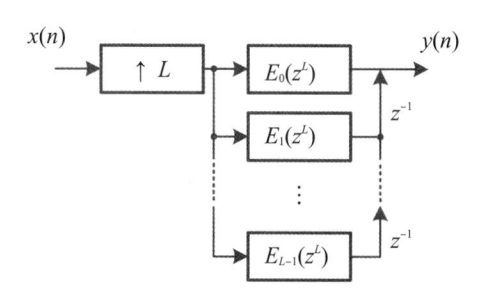

图 3-3　基于多相分解的插值结构

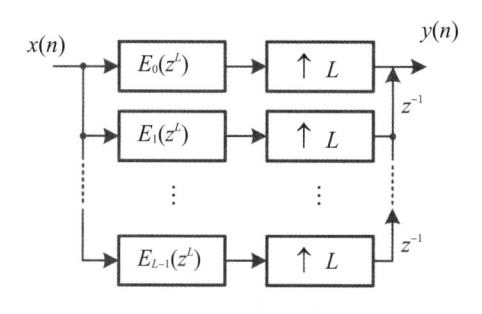

图 3-4　高效多相插值结构

3.1.3　抗混叠滤波器设计

在数字上采样过程中，抗混叠滤波器 $F_a(e^{j\omega})$ 的设计尤为重要，它决定了上采样后信号的质量。式（3-4）中所示为理想的抗混叠滤波器，具有砖墙式的频响，在实际应用中难以实现，实际的数字滤波器往往在通带和阻带之间存在一个频率的过渡带，在过渡带内滤波器的幅频响应从通带滚降至阻带。

在实际应用中，传统的数字滤波器按照频率响应可以分为低通、高通、带通及带阻等类型。按照单位脉冲响应长度可以分为无限脉冲响应（infinite impulse response，IIR）滤波器及有限脉冲响应（finite impulse response，FIR）滤波器[76]。在同等幅频响应的情况下，IIR 滤波器相比 FIR 滤波器需要更少的阶数，但是IIR往往通过迭代递归实现，实现结构较为复杂，并且IIR滤波器较难保证通带的线性相位，其非线性的相位特性会破坏单个子带内的相位特性，因此通常需要级联一个全通网络用于IIR非线性相位的校正。而该相位校正的全通网络往往会增加滤波器的阶数和复杂度，较难实现，因此不适合在BI-DAQ系统中用于上采样的抗混叠滤波器。FIR滤波器采用易于实现的非递归结构。同时，对称系数的FIR滤波器具有广义的线性相位特性［延迟为$(N-1)/2$，N为滤波器系数长度］[77]，不会影响BI-DAQ系统中单个子带的相频响应的线性度，因此适合用于BI-DAQ系统中数字上采样的抗混叠滤波器。

经典的FIR滤波器设计算法包括窗函数法[78~80]、频域抽样法[76]及切比雪夫最佳逼近法[81~82]等。在这些算法中，切比雪夫最佳逼近法是一种等波纹的滤波器设计方法，通过将实际设计的滤波器与期望的频响之间的最大误差最小化实现滤波器的设计。该算法将实际滤波器的频响与期望的频响之间的误差均匀分布在奈氏域内，对于确定阶数的滤波器设计，该方法设计出的滤波器误差能够达到最小。典型的切比雪夫最佳逼近法设计的低通滤波器频响如图3-5所示。

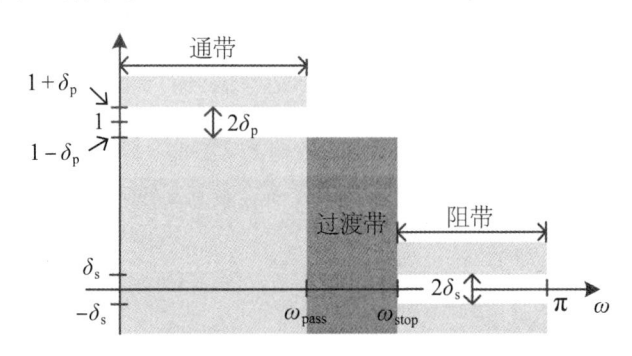

图3-5 基于切比雪夫逼近的低通滤波器频响

在图3-5中，ω_{pass}及ω_{stop}分别为滤波器的通带及阻带角频率，ω_{pass}及ω_{stop}之间的频带为过渡带，δ_p及δ_s分别对应阻带及通带的纹波。满足目标波动的滤波器所需要的最小阶数可以根据下式计算[83]：

$$N = \left\lceil \frac{-10\log_{10}(\delta_s \delta_p) - 13}{14.6\Delta f} \right\rceil \tag{3-9}$$

式中，$\lceil \cdot \rceil$ 为向上取整运算符，Δf 为归一化的过渡带带宽，有

$$\Delta f = \frac{\omega_{\text{stop}} - \omega_{\text{pass}}}{2\pi} \tag{3-10}$$

在实际应用中，FIR滤波器的阶数决定了实现的复杂度，式（3-9）中，滤波器的阶数与过渡带的宽度成反比，与通带和阻带的纹波成反比，即过渡带越窄的滤波器阶数越高，通阻带纹波越小的滤波器阶数越高。对于数字上采样的抗镜像滤波器而言，其阻带频率根据式（3-4）设置为 $\omega_{\text{stop}} = \pi/L$，而通带频率通常设置为 $\omega_{\text{pass}} = \omega_B$，$\omega_B$ 为子带的带宽。在BI-DAQ系统中，单个子带的采样率通常设置为带宽3～4倍的过采样，因此有 $\omega_{\text{pass}} < \omega_{\text{stop}}$。确定了 ω_{pass} 及 ω_{stop}，滤波器的阶数则取决于通带及阻带的纹波，在实际的应用中，通带的纹波 $\delta_s = 0.1$ dB 可以满足要求，此时，阻带的纹波设置则变得至关重要。

阻带的纹波对应阻带的最大衰减值，过小的衰减值会导致抗混叠滤波器对插值引入的混叠分量衰减不足，影响系统的SNR，而过大的衰减值虽然可以消除混叠分量，但是会增加滤波器实现的复杂度，因此需要合理地选择滤波器的阻带衰减值。

根据数字上采样原理的介绍可以发现，随着插值倍数的增大，$[0,\pi]$ 内的混叠分量将随之增加。混叠分量的增加势必会影响系统的信噪比，因此可以推测，阻带衰减值应随着插值倍数的增加而增加，以保证系统的SNR。

与此同时，随着ADC量化位数的增加，系统的SNR会进一步提升，同时也可能会对数字上采样滤波器的阻带衰减提出更高的要求。因此，本书设计实验验证在不同插值倍数及不同ADC量化位数前提下，阻带衰减对系统SNR的影响。

（1）在不同插值倍数前提下，阻带衰减对系统SNR的影响。

在本实验中，系统采样率设置为 $f_s = 20$ GSa/s，设置单音正弦信号频率

f_0=5 GHz，通带频率为5 GHz，ADC量化位数为8 bit。

如图3-6所示，以插值倍数L=2时为例，可以看出当抗混叠滤波器的衰减大于一定值时，系统的SNR趋于稳定并且不再提升，这是因为此时的SNR受ADC的量化位数限制，单纯增加抗混叠滤波器的衰减值并不会增加系统的SNR。在图3-6中，随着插值倍数的增加，SNR进入稳定区间的抗混叠滤波器衰减值也随之增加，这也印证了随着插值倍数的增加，$[0,\pi]$内的混叠分量将随之增加。为了确保系统的SNR稳定，需要适当提升抗混叠滤波器的衰减值。

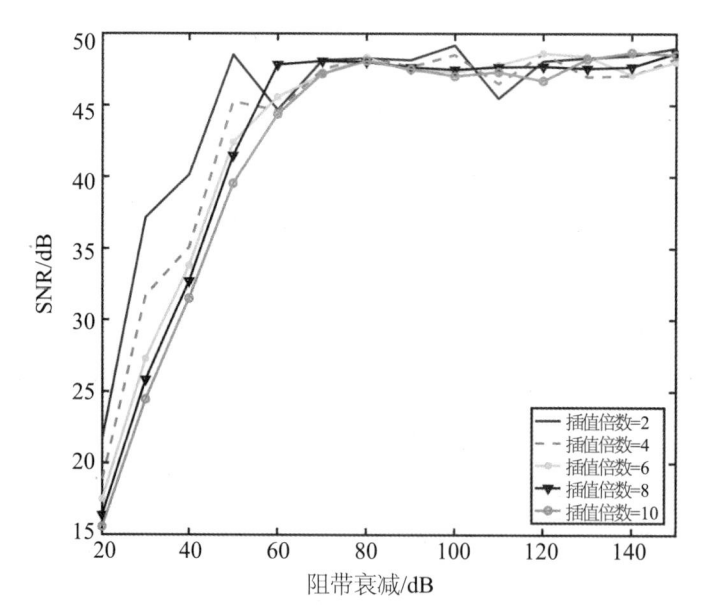

图3-6 抗混叠滤波器在不同插值倍数及阻带衰减下SNR的变化

（2）在不同ADC量化位数前提下，阻带衰减对系统SNR的影响。

在本实验中，系统采样率、信号频率及通带频率与上述（1）中实验保持一致，上采样倍数设置为2倍。

在图3-7中，随着ADC量化位数的增加，抗混叠滤波器的衰减值也要随着增加以确保系统的信噪比稳定。因此，对于ADC量化位数较高的系统，需要增加滤波器的阻带衰减值。

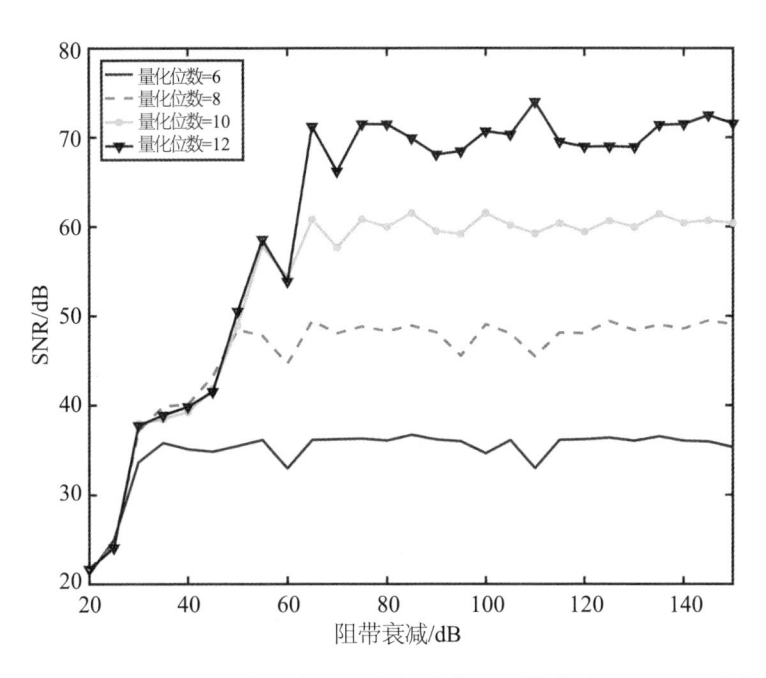

图3-7　抗混叠滤波器在不同量化位数及阻带衰减下SNR的变化

综上所述，数字上采样的抗镜像滤波器的衰减值需要结合ADC量化的位数及上采样的倍数进行综合考虑。根据图3-6及图3-7，例如，对于ADC为8 bit的BI-DAQ，上采样的倍数为2的数字上采样抗镜像滤波器，70 dB的衰减值即可满足系统要求。

3.2 数字上变频技术及抗镜像滤波器

在BI-DAQ系统中，经过上采样的信号，除第一个子带之外的其他频率子带均需要进行数字上的变频处理，其目的在于将ADC采集到的基带信号恢复至原始的频率子带。BI-DAQ系统在模拟端及数字端均采用实数混频的方式，混频框图如图3-8所示，其中NCO（numerically controlled oscillator）为数控振荡器。

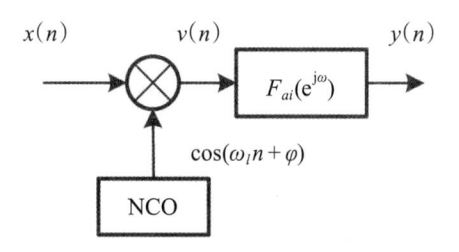

图3-8 混频框图

实数混频的优点是易于实现，但混频的过程会产生额外的镜像分量，因此需要配合抗镜像滤波器来实现无混叠的数字上变频。设混频前的信号 $x(n) = \cos(\omega_0 n + \varphi)$，则混频后的信号为

$$y(n) = v(n)*f_{ai}(n) = [x(n) \times \cos(\omega_l n + \phi)]*f_{ai}(n)$$
$$= \frac{1}{2}[\cos((\omega_0 + \omega_l)n + \varphi + \phi) + \cos((\omega_0 - \omega_l)n + \varphi - \phi)]*f_{ai}(n) \quad (3\text{-}11)$$

式中，* 为卷积运算；$f_{ai}(n)$ 为抗镜像滤波器 $F_{ai}(e^{j\omega})$ 的时域系数。数字上变频的频域示意图如图3-9所示。

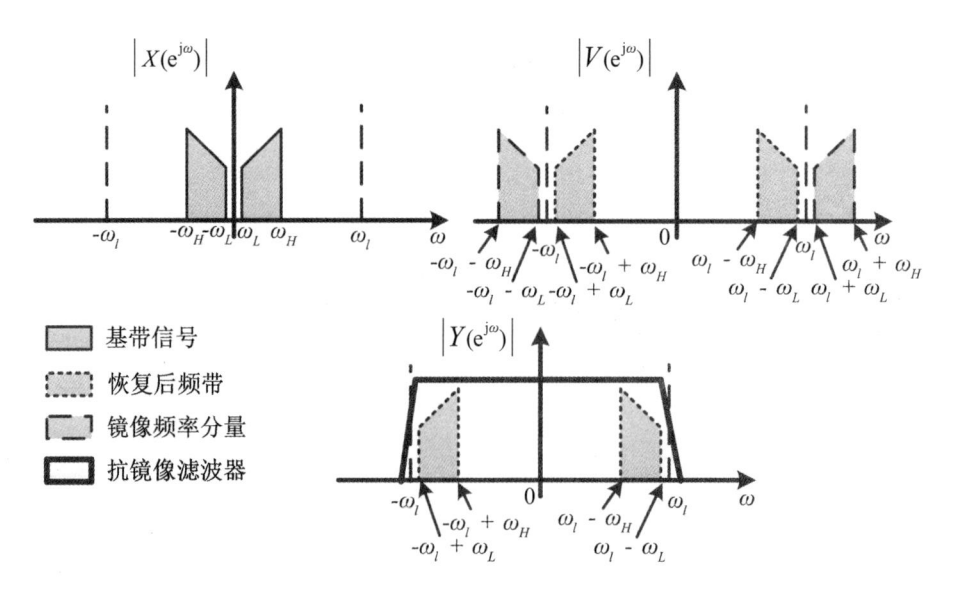

图3-9 数字上变频的频域示意图

3.2.1 数控振荡器（NCO）

从图3-8的数字上变频结构可以看出，数控振荡器是数字上变频处理中重要的组成部分。其目标是产生一个标准的余弦信号用于数字混频器，即乘法器与输入信号相乘以实现数字混频。NCO具有分辨率高，低相位噪声的优点。常见的NCO实现方式主要包括查表法及坐标旋转数字计算（coordinate rotation digital compute，CORDIC）算法。

3.2.1.1 查表法

查表法[84~85]是产生NCO信号最为简单直接的方法。其原理是构造一个以余弦波相位作为地址的存储器查找表，并将相位地址对应的余弦值存储在存储器对应的地址中，构成一个相位幅度转换电路。在系统时钟的控制下，通过相位累加器对输入的频率进行不断地累加，得到以一组数字相位作为存储器的地址索引值，读取查找表中对应的余弦值，从而生成数字本振信号，其实现框图如图3-10所示。

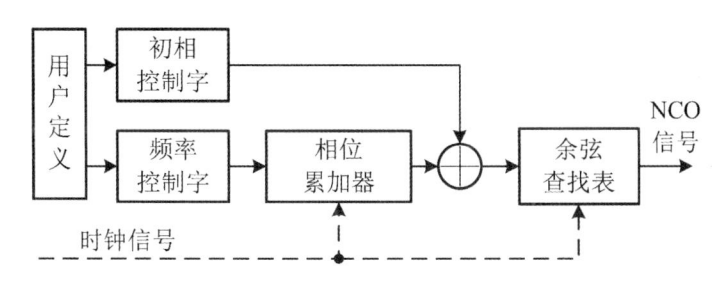

图 3-10　基于查找表的NCO实现框图

在实际的应用中，为了获取更高的NCO精度，往往需要增加查找表的深度，这需要消耗大量的存储器资源。而外挂随机存取存储器（random access memory，RAM）的读写速度往往会限制NCO输出的速度。因此，查表法不适合设计高速、高精度的NCO。

3.2.1.2 CORDIC算法

CORDIC算法是由Volder J E于1959年提出的一种迭代算法[86]，包括旋转和矢量两种计算模式。Walther J S于1974年在CORDIC的基础上研究出了一种能够计算多种超越函数的统一算法[87]。

CORDIC算法仅使用移位及加法操作，通过迭代计算即可以实现矢量旋转的计算，只要迭代足够的次数，就可以确保计算的精度。由于其仅涉及加法和移位操作，因此适合在数字信号芯片中实现。

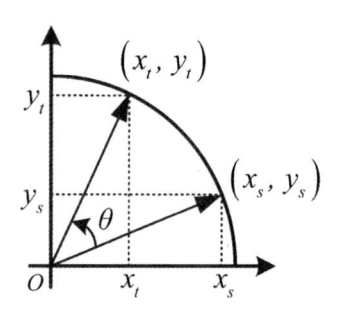

图3-11　CORDIC原理

在图3-11中，设起始矢量为(x_s,y_s)，经过旋转θ的矢量为(x_t,y_t)，二者的关系可以表示为

$$\begin{cases} x_t = (x_s - y_s \tan\theta)\cos\theta \\ y_t = (y_s + x_s \tan\theta)\cos\theta \end{cases} \quad (3\text{-}12)$$

在CORDIC算法中，图3-11中θ的旋转是通过K次相位为θ_k的微旋转近似实现，即

$$\theta = \sum_{k=0}^{K-1} S_k \theta_k \quad S_k \in \{1,-1\} \quad (3\text{-}13)$$

式中，θ_k是非负的，用于表示每次微旋转的相位值；S_k为第k次旋转的方向，$S_k=1$时表示第k次迭代逆时针旋转θ_k，$S_k=-1$时表示第k次迭代顺时针旋转θ_k。

由于CORDIC算法仅使用移位及加法运算，因此需要定义特殊的θ_k值，使得式（3-12）中的乘法运算可以通过移位计算实现。假设

$$\theta_k = \arctan(2^{-k}) \quad k = 0, 1, 2, \cdots \tag{3-14}$$

则式（3-12）的第 $k+1$ 次微旋转过程可以描述为

$$\begin{cases} x_{k+1} = (x_k - y_k S_k 2^{-k}) c_k \\ y_{k+1} = (y_k + x_k S_k 2^{-k}) c_k \end{cases} \tag{3-15}$$

式中，$c_k = \cos\theta_k = \cos(\arctan 2^{-k}) = 1/\sqrt{1+2^{-2k}}$。式（3-15）为 CORDIC 算法的迭代方程，起始向量 (x_s, y_s) 通过迭代可以无限逼近目标矢量 (x_t, y_t)。如果确定了迭代的总次数 K，则可以在迭代的过程中忽略 c_k 的影响，并在最终乘上一个总的补偿因子

$$c_K = \prod_{k=0}^{K-1} c_k = \prod_{k=0}^{K-1} 1/\sqrt{1+2^{-2k}} \tag{3-16}$$

式（3-16）中，当 $k \to \infty$ 时，$c_K \approx 0.6073$。考虑初始向量从横轴出发，在迭代次数足够大的情况下，相角迭代的结果为

$$\sum_{k=0}^{\infty} \theta_k = \sum_{k=0}^{\infty} \arctan(2^{-k}) = 99.883° \tag{3-17}$$

因此，CORDIC 算法可以实现在 $[-99.883°, 99.883°]$ 内任意角度的旋转。每次迭代后的向量角度与目标角度的差可以表示为

$$z_{k+1} = z_k - S_k \theta_k \tag{3-18}$$

在 CORDIC 算法的旋转模式下，z_0 设置为目标角度 θ，z_k 经过多次迭代后趋于 0，迭代过程的方向参数 S_{k+1} 设置为

$$S_{k+1} = \begin{cases} -1 & \text{if } z_k < 0 \\ 1 & \text{if } z_k \geq 0 \end{cases} \tag{3-19}$$

当设置 CORDIC 算法的迭代初始向量为 (1,0) 时，式（3-12）迭代的最终结果为

$$\begin{cases} x_t = \cos\theta \\ y_t = \sin\theta \end{cases} \tag{3-20}$$

定义基于 CORDIC 算法的 NCO 信号与理想 NCO 信号的均方根误差（root-mean-squarer error，RMSE）为

$$\text{NCO}_{\text{RMSE}} = \sqrt{\frac{1}{N}\sum_{n=1}^{N}\text{LO}_{\text{CORDIC}}(n) - \text{LO}_{\text{ideal}}(n)} \qquad (3\text{-}21)$$

式中，N 为 NCO 信号的长度。则不同迭代次数下 CORDIC 算法与理想 NCO 信号的 RMSE 见表 3-1 所列。

表 3-1　不同迭代次数下 CORDIC 算法与理想 NCO 信号的 RMSE 值

迭代次数	5	6	7	8	9	10	11	12
NCO_{RMSE}	$1.27\,\text{e}^{-3}$	$1.72\,\text{e}^{-4}$	$6.30\,\text{e}^{-5}$	$1.12\,\text{e}^{-5}$	$5.63\,\text{e}^{-6}$	$1.69\,\text{e}^{-6}$	$1.97\,\text{e}^{-7}$	$9.80\,\text{e}^{-8}$

根据表 3-1 可以看出，经过 10 次迭代的 CORDIC 算法可以获得较好的精度。因此，图 3-8 中的 NCO 可以利用 CORDIC 算法进行实现，由于 CORDIC 算法仅需要移位及加法操作，因此 CORDIC 算法可以在不消耗乘法器资源的情况下仍然具有高精度。

3.2.2　抗镜像滤波器设计

如图 3-9 所示，抗镜像滤波器 $F_{ai}(\text{e}^{j\omega})$ 为一低通滤波器，这是因为数字本振与模拟本振频率选择均为高侧混频，即镜像分量大于本振信号的频率。为了不破坏单个频率子带内的相位线性度，BI-DAQ 系统中的抗镜像滤波器仍然采用对称系数的 FIR 滤波器，因此同样可以采用 3.1.3 中的切比雪夫最佳逼近法进行设计。根据 3.1.3 中切比雪夫最佳逼近法的介绍，需要确定抗镜像滤波器的通阻带频率及阻带衰减。

根据图 3-9 所示，抗镜像滤波器的通带设置为 $\omega_l - \omega_L$，阻带设置为 $\omega_l + \omega_L$，分别对应子带信号的截止频率及镜像分量的起始频率。不同于 3.1.3 中的抗混叠滤波器，抗镜像滤波器的阻带衰减只与 ADC 量化位数有关，不同 ADC 量化位数及抗镜像滤波器衰减值对系统 SNR 的影响如图 3-12 所示。

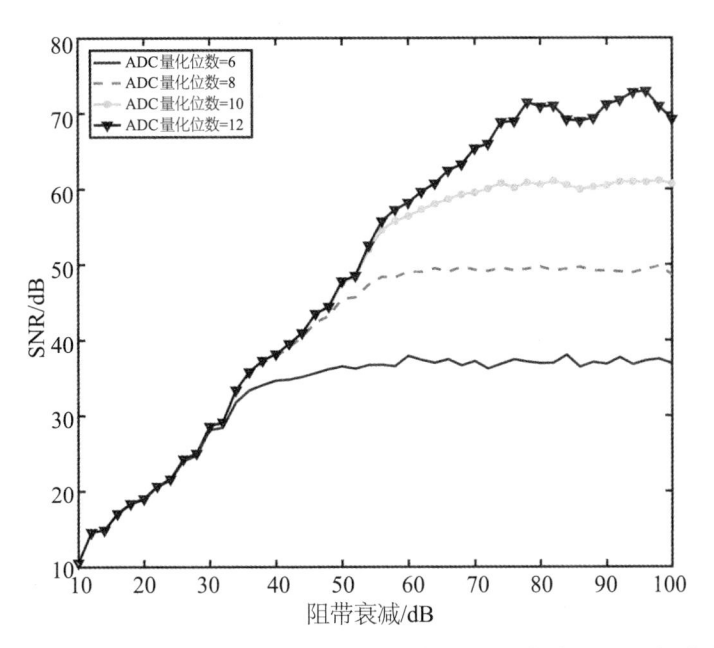

图3-12 抗镜像滤波器在不同量化位数及阻带衰减下SNR的变化

在图3-12中，在固定ADC量化位数时，阻带衰减超过一定阈值后，SNR不会再随着阻带衰减的增大而增加，此时的SNR主要受ADC的量化位数限制。而随着ADC量化位数的增加，阻带衰减值也随之增大，以确保系统SNR的稳定。例如，对于ADC为8 bit的BI-DAQ系统，阻带的衰减仅需设置为70 dB即可满足要求；而对于ADC量化位数为12 bit的BI-DAQ系统，阻带衰减需要设置为80 dB才能满足要求。

3.3 频率子带模拟与数字本振的相位同步

BI-DAQ系统在模拟电路端通过模拟下变频的方式将高频子带混频至低频基带，并在数字端通过数字上变频的方式将基带信号恢复至原始频带。在这个过程中，模拟本振和数字本振的相位同步决定了子带恢复后各个频率子带之间的相位关系，也是该系统得以实现的关键[88]。

3.3.1 模拟与数字本振相位不同步原因分析

3.3.1.1 BI-DAQ 系统死区时间引入的模数本振间随机相位差

Tumewu A 等人认为每次信号处理过程的模拟本振和数字本振之间相位差为一固定值[64],然而因高速数据采集系统中数据信号处理速度的限制,将连续的采样过程划分成了若干个采样帧[89],帧与帧之间的间隔称为采集系统的死区时间[90]。死区时间的存在导致多次采集时模数本振之间引入了随机的相位差,如图 3-13 所示。

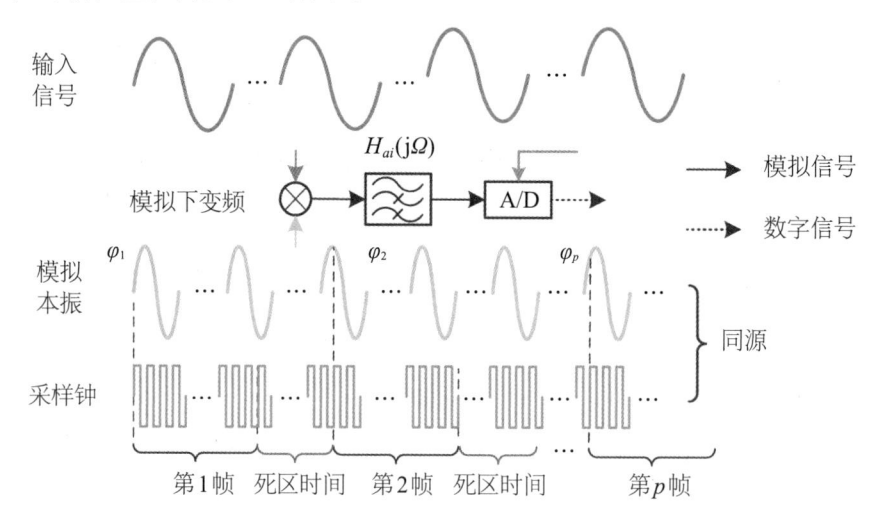

图 3-13 BI-DAQ 系统死区时间引入的模数本振随机相位差

在图 3-13 中,虽然系统采样钟与模拟本振已经完成了同源处理,但是不同采样帧对应的模拟本振的初相 ϕ 仍然会随机变化。根据图 2-2 的数学模型,设第 m 个频率子带上采样后的时域信号为 $z_m(n)$,则可以表示为

$$z_m(n) = \left\{ \left[x(nT_s) \cdot h_{a_m}(nT_s) \right] \times \cos(n\Omega_{l_m} T_s + \theta_{alo}) \right\} \cdot h_{ai_m}(nT_s) \cdot f_{a_m}(n) \quad (3\text{-}22)$$

式中,$h_{a_m}(t)$,$h_{ai_m}(t)$ 及 $f_{a_m}(n)$ 分别为滤波器 $H_{a_m}(j\Omega)$,$H_{ai_m}(j\Omega)$ 及 $F_{a_m}(e^{j\omega})$ 的单位冲击响应;θ_{alo} 为模拟本振初相。

根据式（3-22），每个采样点对应的模拟本振相位为

$$\theta[n] = n\Omega_{l_m}T_s + \theta_{\text{alo}} \quad (3\text{-}23)$$

式（3-23）中，$\theta[n]$ 是具有周期性的，其周期为

$$K = \frac{\Omega_s}{\gcd(\Omega_s, \Omega_{l_m})} \quad (3\text{-}24)$$

式中，$\Omega_s = 2\pi/T_s$ 为 BI-DAQ 系统采样钟的角频率；gcd(·) 为最大公约数（greatest common divisor，GCD）操作符。这意味着不同的采样帧可能对应着 K 种模拟本振的初相。

3.3.1.2　BI-DAQ 系统并行数据流引入的模数本振随机相位差

如 3.3.1.1 中的分析，不同的采样帧对应 K 种不同的模拟本振初相，然而在实际应用中，由于 ADC 数据接收芯片（通常是 FPGA）速度的限制，ADC 采样后的数据往往是在一个慢速的数据同步时钟（DCLK）下采用并行数据流的方式进行接收以及存储，如图 3-14 所示。

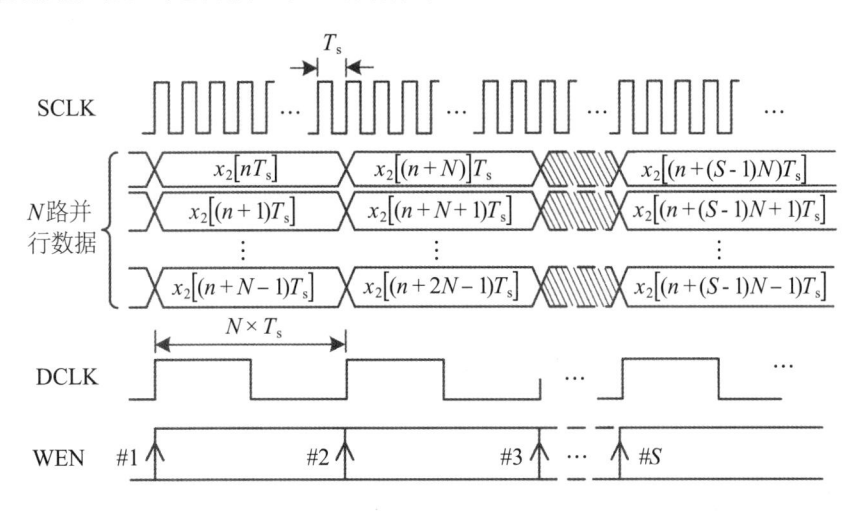

图 3-14　BI-DAQ 系统存储器写使能对本振初相的影响

在图 3-14 中，每一个 DCLK 的时钟对应着 N 个采样数据。这种并行的数据流影响了模拟本振初相的周期数。ADC 采集后的并行数据往往存储在 FPGA 中的 FIFO（first in first out）或 RAM 中，而这些存储器的写使能 Wen

信号的开启时刻标志着采集采样帧的起始时刻。如图3-14所示，写使能在#1或者#2时刻开启时，采样帧对应的模拟本振初相分别为 $\theta[n]$ 及 $\theta[n+N]$，这意味着写使能每偏移一个 DCLK 时钟，对应的模拟本振初相即发生 $N\Omega_{I_m}T_s$ 的相移，因此，写使能的开启时刻引入了 S 种随机本振相位，有

$$S=\frac{K}{\gcd(K,N)} \tag{3-25}$$

综上所述，由于死区时间及并行数据流引入的模拟本振初相一共有 S 种可能，因此模数本振相位同步的关键在于确定当前采样帧对应的模拟本振初相。

3.3.2 基于同步时间戳的模数本振相位同步方法

为了捕获不同采样帧下模拟本振相位的变化，本书提出了一种基于同步时间戳的模数本振相位同步装置，如图3-15所示。

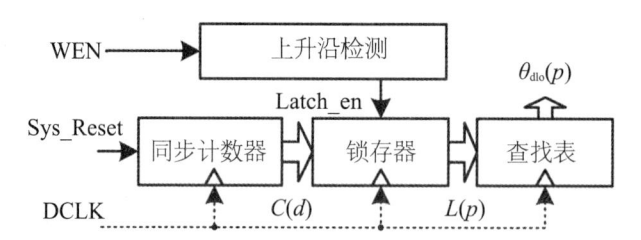

图3-15 基于同步时间戳的模数本振相位同步装置

在图3-15中，引入了一个工作在 DCLK 时钟下的同步计数器用于跟踪写使能的有效时刻，其工作的时序图如图3-16所示。

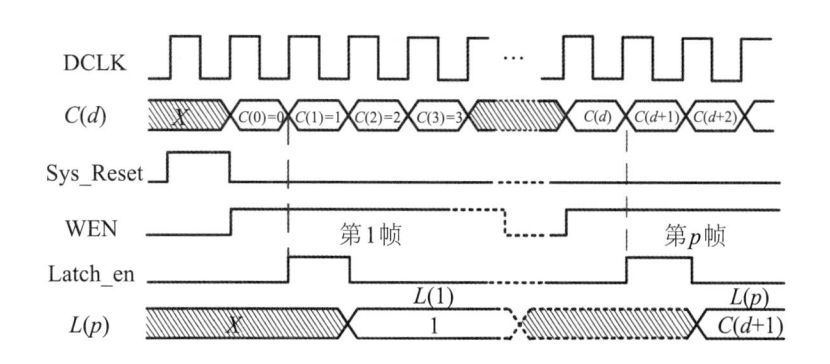

图3-16 基于同步时间戳的模数本振同步装置时序图

同步计数器在系统复位（Sys_Reset）完成后开始计数，上升沿检测装置用于检测 Wen 的上升沿。该装置在检测到 Wen 信号的上升沿后产生一个 Latch_en 信号并送入锁存器中，锁存器将此时同步计数器的计数值 $C(d)$ 记录下来，记作 $L(p)$。锁存后的 $L(p)$ 通过查找表转换为相位值 $\theta_{\text{dlo}}(p)$ 作为数字本振的初相。根据式（3-24）中 $\theta[n]$ 信号的周期性，$L(p)$ 与 $\theta_{\text{dlo}}(p)$ 的关系可以根据下式计算：

$$\theta_{\text{dlo}}(p)=(N\%K)\cdot L(p)\cdot \Omega_{l_m}T_s \tag{3-26}$$

本书提出的模数本振相位同步装置是利用一个同步计数器，通过同步计数器记录存储在 FPGA 中的 WEN 信号的有效时刻来解决不同采集帧的本振初始相位随机变化的问题。该机制利用 BI-DAQ 系统中的模拟本振与采样时钟之间的同源关系，与参考文献[59]和[63]中提出的方法相比，无须任何额外的硬件辅助，即可实现模拟本振与数字本振在不同采样帧的同步。

3.3.3 模数本振相位同步验证方法

由于 BI-DAQ 系统将系统的带宽划分成了若干个频率子带，各子带间的频率相互独立，为模数本振相位同步的验证带来了困难。针对此问题，本书提出了一种基于单音正弦信号的模数本振相位同步验证方法。

在 BI-DAQ 系统中，模拟滤波器的非理想特性会导致通带与阻带之间存在一个过渡带，该过渡带会导致两个相邻频率之间存在一个频率交叠带，频率位于频率交叠带内的信号会同时出现在两个相邻的子带，关于交叠带的详细内容会在 4.1.3 节中进行阐述，在此不再赘述。

利用这一特性，假设 BI-DAQ 系统的输入信号 $x(t)=\cos(\Omega_{olb}t+\theta_x)$，$\Omega_{olb}$ 为位于交叠带内的信号角频率，以图 2-2 中 $M=2$ 为例，第一、第二子带第 p 次采样的输出可以表示为 $y_0^p=\left[y_0^p(0),y_0^p(1),\cdots,y_0^p(L-1)\right]$ 及 $y_1^p=\left[y_1^p(0),y_1^p(1),\cdots,y_1^p(L-1)\right]$，其中，

$$\begin{aligned}y_0^p(n)&=|T_1(\omega_o)|\cdot\cos(\Omega_{olb}t_p+\omega_o n+\theta_x+\theta_{T_0}(\omega_o))\\ y_1^p(n)&=|T_2(\omega_o)|\cdot\cos(\Omega_{olb}t_p+\omega_o n+\theta_x+\theta_{T_1}(\omega_o)+\delta\phi_p)\end{aligned} \quad (3\text{-}27)$$

式（3-27）中，L 为信号存储的长度，$\omega_o=\Omega_{olb}T_s$，t_p 为一常数，对应采集的起始时刻，$\theta_{T_0}(\omega_o)$ 和 $\theta_{T_1}(\omega_o)$ 分别表示第一频率子带和第二频率子带在 $\omega=\omega_o$ 处的相频响应，$\delta\phi_p$ 为第二频率子带在第 p 个采样帧处模拟本振与数字本振之间的相位差。

式（3-27）中，两路信号的相位差为

$$\Delta\phi(p)=\theta_{T_0}(\omega_o)-(\theta_{T_1}(\omega_o)+\delta\phi_p) \quad (3\text{-}28)$$

在式（3-28）中，$\theta_{T_0}(\omega_o)$ 以及 $\theta_{T_1}(\omega_o)$ 均取决于系统滤波器的相频响应，且不随采样帧发生变化，而当模数本振之间不存在随机相位差时，$\Delta\phi(p)$ 的值将不随着采样帧的改变而发生变化。因此，通过多次采集运算统计交叠带内信号在两个相邻频率子带的相位差 $\Delta\phi$ 的分布情况，即可以验证模数本振之间的相位同步。

3.4 实验结果与分析

本节主要基于第六章6.1节中相关内容，对本章提出的单个频率子带恢复算法进行了实现及验证。

3.4.1 数字信号处理过程及杂散抑制实验

实验平台采用2个频率子带的BI结构，因此数字上采样的倍数为2倍，ADC的量化位数为8 bit，则根据图3-6及图3-7中的分析，设置抗混叠滤波器及抗镜像滤波器的通阻带频率及衰减情况见表3-2所列。

表3-2 实验平台中抗混叠及抗镜像滤波器参数设置

滤波器	δ_p/dB	δ_s/dB	f_{pass}/GHz	f_{stop}/GHz	f_s/(GSa·s^{-1})	N
$F_{a_m}(e^{j\omega})$	0.1	70	5	10	40	24
$F_{ai_1}(e^{j\omega})$	0.1	70	10	11	40	128

在表3-2中，δ_p、δ_s、f_{pass}、f_{stop}及f_s分别为滤波器的通带波动、阻带衰减、通/阻带频率及系统采样率。N为将前面几列参数带入式（3-9）中计算的满足条件的FIR滤波器系数长度的最小值。这里需要说明的是，为了确保线性相位滤波器的延迟是采样点的整数倍（方便后端对滤波器引入的整数延迟进行补偿），在应用中将$F_{a_m}(e^{j\omega})$及$F_{ai_1}(e^{j\omega})$滤波器系数的长度分别设置为25及129。

在此基础上，利用3.1.3节中的切比雪夫最佳逼近法，根据表3-2设计线性相位FIR滤波器，用于抗混叠及抗镜像滤波器的设计，并在图6-1中的信号处理FPGA中进行实现及验证。FPGA中的信号处理过程往往采用的是定点数运算，而切比雪夫最佳逼近法设计的滤波器的系数是浮点数，因此需要对浮点数进行定点化处理。最常用的定点数处理方法是对滤波器进行放大截位，但在这个过程中，放大截位的量化位数的选择十分重要，以表 3-2 中的抗混叠滤波器 $F_{a_m}(e^{j\omega})$ 为例进行不同量化位数的放大截位的定点化处理，定点化处理后的幅频响应如图 3-17 所示。

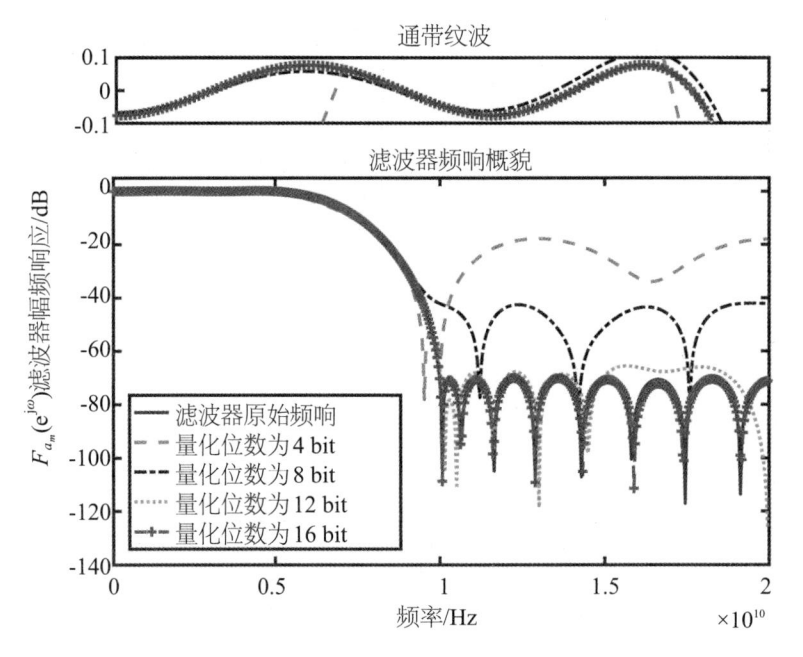

图 3-17 不同量化位数下 $F_{a_m}(e^{j\omega})$ 滤波器的幅频响应

从图 3-17 中可以看出，在系数量化位数较低时，量化后的滤波器频响会发生较大的变化，通带频响纹波将超出表 3-2 中设置的 0.1 dB，阻带的衰减不足 20 dB。随着量化位数的增加，系数量化后滤波器的频响逐渐接近原始滤波器的频响，但是过大的量化位数会对运算带来困难，消耗更多的硬件资源。在实际应用中，需要选择合适的量化位数，在资源消耗和滤波器精度之间寻求一个平衡点。定义量化系数后的滤波器与原始滤波器频响之差为

$$E_{\text{FIR}}(\omega) = \hat{F}_{a_m}(e^{j\omega}) - F_{a_m}(e^{j\omega}) \tag{3-29}$$

式（3-29）的最大值及标准差满足[76]：

$$|E_{\text{FIR}}(\omega)| \leqslant \frac{N \times \Delta}{2}$$
$$\sigma_{\text{FIR}} = \sqrt{E\left(E_{\text{FIR}}^2(\omega)\right)} \leqslant \frac{\Delta}{2}\sqrt{\frac{2 \times N - 1}{3}} \quad (3\text{-}30)$$

式中，$\Delta = 2^{-b}$，b 为量化位数。结合式（3-30）及图3-17所示实验结论，在图6-1所示的系统中设置滤波器量化位数为16 bit。

为验证算法的有效性，采用多音信号对图6-1所示的系统进行测试，利用射频信号源SMB100A作为激励源[91]，将100 MHz～10 GHz，频率间隔为100 MHz的多音信号组合后送入模拟输入端，计算两个频率子带ADC采样后的基带信号幅频响应，如图3-18所示。

在图3-18中，子带两信号（5～10 GHz）经过第六章6.1节中图6-2所示的BI-DAQ系统模拟信号调理模块，被混频至0.5～5.5 GHz供ADC进行采样，子带一和子带二采样后的SFDR分别为35.96 dB及34.19 dB。

根据表3-2中的数字滤波器，对ADC采样后的基带信号进行数字上采样及上变频等子带恢复的操作。在图6-1所示的信号处理FPGA中，基于组合脉动阵列（combined systolic arrays，CSA）结构实现多相插值及抗镜像滤波器[92]，并利用FPGA中的IP Core实现基于CORDIC算法的数字上变频[93]。

在完成上述信号处理流程后，将FPGA中的数据通过数据总线传输至图6-1中的工业控制计算机（industry personal computer，IPC），并利用MATLAB进行FFT运算，计算得到的两个子带输出信号的幅频响应如图3-19所示。由于系统经过了上采样的处理，因此每个子带输出信号的采样率为40 GSa/s。可以看出，经过子带恢复后，子带一信号仍然在DC～5 GHz的频率范围内，而子带二的信号从基带的0.5～5.5 GHz经数字上变频恢复到子带二的原始频带，即5～10 GHz。对比图3-18中的基带采样信号，经过子带恢复后的SFDR几乎不发生改变，很大程度地保留了ADC采集系统的性能。与此同时，抗镜像及抗混叠滤波的过程降低了带外的噪声，在一定程度上提升了单个频率子带的采样SNR指标。

(a) 子带一

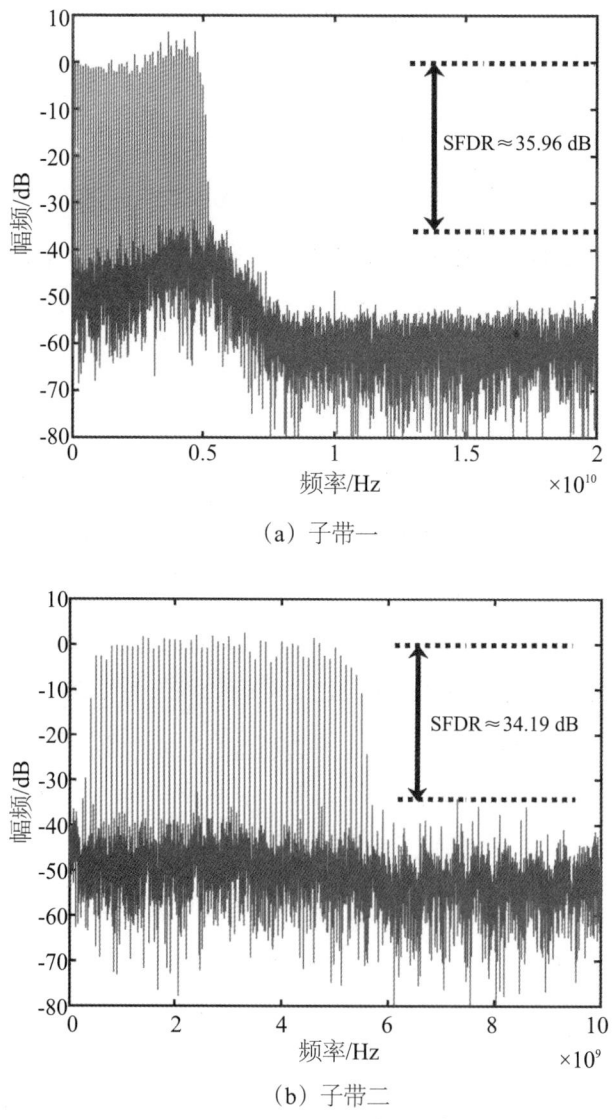

(b) 子带二

图3-18 宽带多音信号 ADC 采样后的基带信号幅频响应

(a) 子带一

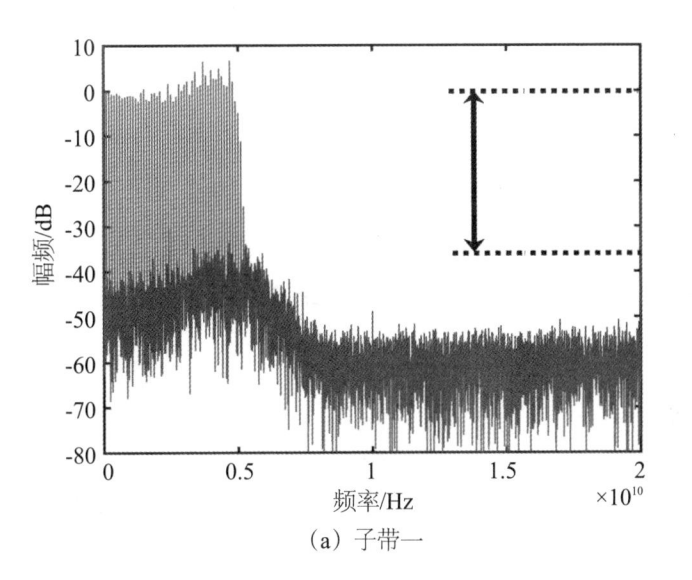

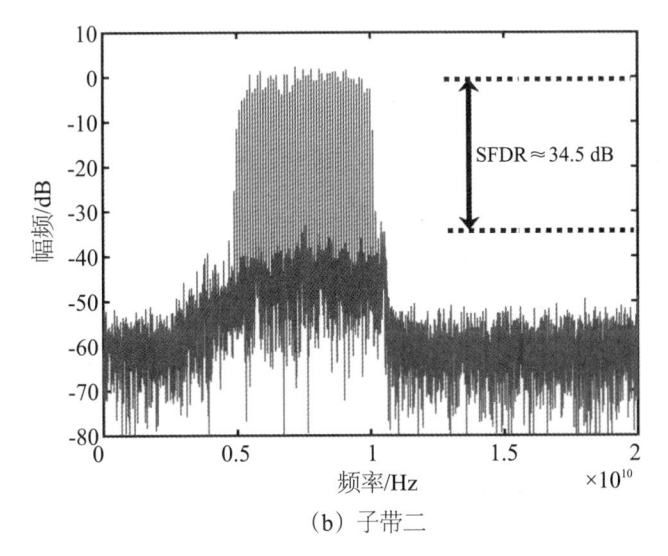

(b) 子带二

图3-19 子带恢复后的子带信号幅频响应

3.4.2 模拟与数字本振相位同步实验

将3.3.2节提出的模数本振相位同步方法，在图6-1所示的数据接收阵列中的FPGA进行实现。根据第六章6.1节中提出的指标，系统采样率为40 GSa/s，模拟本振信号频率为10.5 GHz，FPGA的运行时钟为312.5 MHz，对应 $K=80$、$N=256$，带入式（3-25）中，求得 $S=5$。

根据3.3.1.1节及3.3.1.2节中的分析，在完成第六章6.1节中图6-4的时钟与本振信号同步以及未增加模数本振相位同步装置的前提下，两个频率子带之间在不同采样帧下会存在5种随机相位关系。在此基础上，结合3.3.3中的分析，利用频率交叠带内5 GHz的正弦信号作为测试激励，选用二维的李沙育图（lissajous-bowditch figure）[94]来观测不同采样帧下的相位关系。笔者统计了在2500幅采样帧下采集的两个频率子拼合前的数据各1000个采样点，绘制了图3-20（a）所示的李沙育图。

从图3-20（a）中可以看出，未增加模数本振相位同步装置的李沙育图具有5种形状，对应着5种相位关系，这与式（3-25）分析的结果是一致的，这意味着在不增加模数本振相位同步装置的情况下，子带间的相位差在不同的采样帧下随机变化，严重影响子带间波形的拼合。

在此基础上增加3.3.2节提出的模数本振相位同步装置，再次统计2500幅采样帧的李沙育图，如图3-20（b）所示。与图3-20（a）相比，图3-20（b）中的李沙育图在2500幅采样帧中只有一种形状，仅对应一种相位，因此在增加3.3.2节中提出的模数本振相位同步装置后，两个子带之间的相位差为一固定值且不会随着采样帧的改变而发生变化。为了进一步获得更为精确的相位差统计信息，利用第四章4.2.1节中提出的三参数正弦拟合算法对各个子带信号的相位及相位差进行计算，统计2500幅采样帧下的相位差并绘制成如图3-21所示的统计直方图。

(a) 未增加同步装置

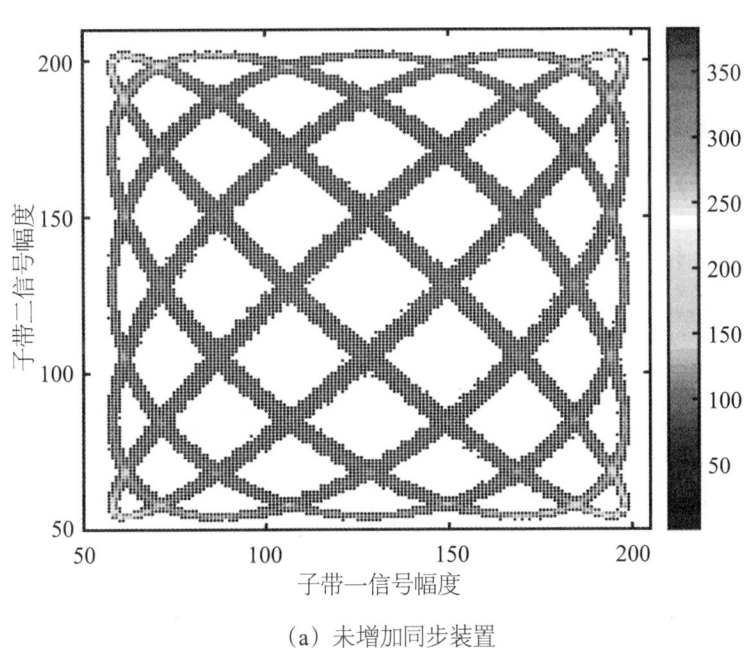

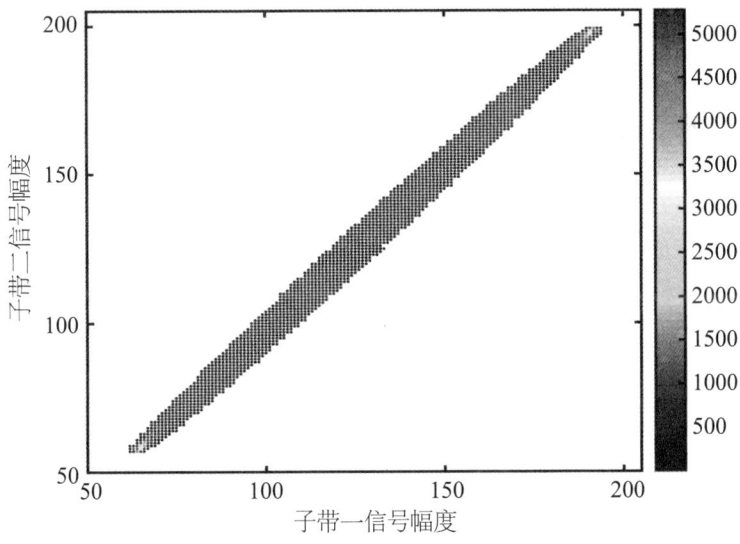

(b) 增加同步装置

图 3-20　5 GHz 正弦信号在两个频率子带的统计李沙育图

(a) 未增加同步装置

(b) 增加同步装置

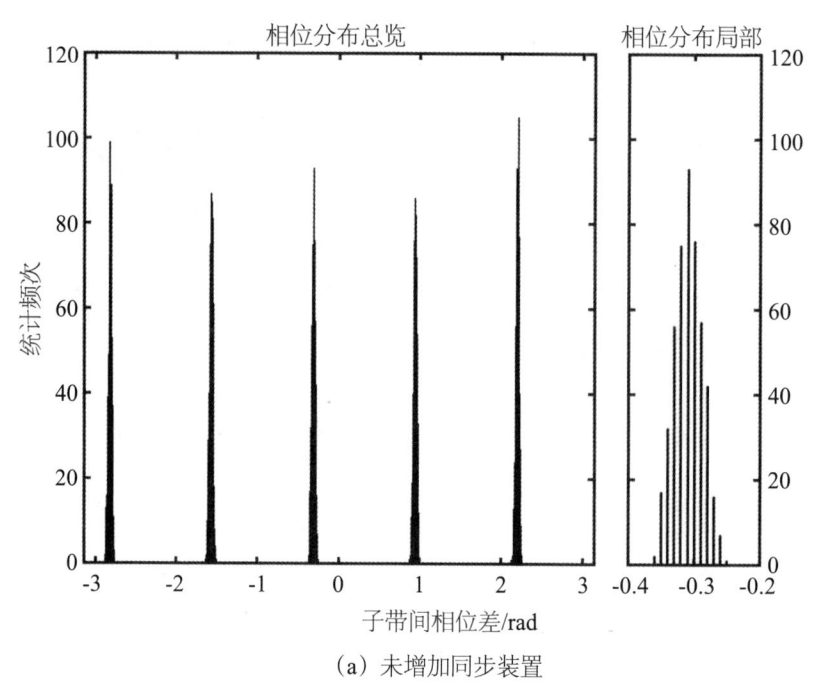

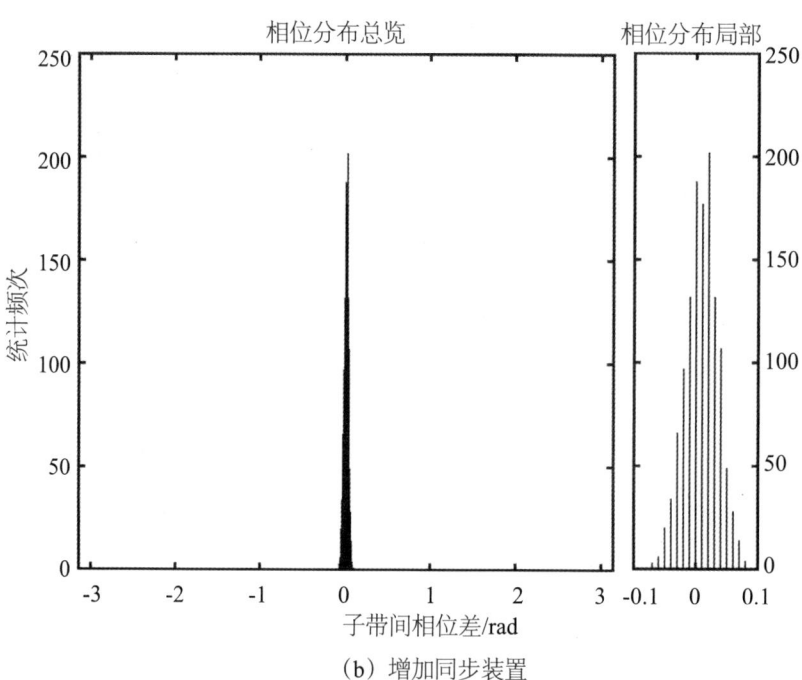

图3-21 15 GHz正弦信号在两个频率子带的相位差统计直方图

在图 3-21（a）中，未增加模数本振相位同步装置的相位均分布在 $[-\pi,\pi]$ 内，主要分布在 5 个区域内，表示 5 种不同的相位差，这与图 3-20（a）中的相位分布情况一致。从相位局部分布统计图中可以看出，在每个相位区间内有多根统计直方图，这是因为采样钟及本振的抖动导致的相位偏差。而在增加模数本振相位同步装置后，统计的相位差如图 3-21（b）所示，从图中可以看出，增加同步装置后，两个子带之间的相位差在 2500 幅采样帧中始终分布在 $-0.1\sim 0.1$ rad 的区间内，与图 3-20（b）分布情况一致，因此消除了模数本振之间的随机相位差，实现了模数本振相位的同步。

表 3-3 展示了模数本振相位同步装置在图 6-1 中采集数据接收阵列 FPGA 中的资源消耗情况。可以看出，该模数本振相位同步装置仅需要消耗少量的触发器（flip-flop，FF）及查找表（look up table，LUT）资源（≤0.1%）即可以实现模数本振相位的同步，增加模数本振相位同步装置前后 FPGA 的功耗情况如图 3-22 所示。

表 3-3 模数本振相位同步装置的 FPGA 资源消耗情况

消耗资源类型	消耗	可用资源	使用率/%
FF	18	407 600	<0.1
LUT	39	203 800	<0.1

```
|               On-Chip Power Summary                         |
| On-Chip        | Power (mW) | Used  | Available | Utilization (%) |
  Clocks           206.50       5       ----         ----
  Logic             59.12       8759    203800        4
  Signals          155.61       15115   ----         ----
  IOs             1052.89       233     500           47
  BlockRAM/FIFO    156.90       ----    ----         ----
    18K BlockRAM     1.86       1       890           0
    36K BlockRAM   155.04       52      445           12
  MMCMs            233.25       2       10            20
  Static Power     171.72
| Total            2035.99                                    |
```

(a) 未增加同步装置

```
|         On-Chip Power Summary                                    |
| On-Chip        | Power (mW) | Used  | Available | Utilization (%) |
| Clocks         |   224.41   |   5   |    ——     |      ——         |
| Logic          |    58.98   | 8649  |  203800   |       4         |
| Signals        |   159.28   | 15175 |    ——     |      ——         |
| IOs            |  1052.79   |  233  |    500    |      47         |
| BlockRAM/FIFO  |   155.62   |  ——   |    ——     |      ——         |
|   18K BlockRAM |     1.85   |   1   |    890    |       0         |
|   36K BlockRAM |   153.77   |  52   |    445    |      12         |
| MMCMs          |   233.25   |   2   |     10    |      20         |
| Static Power   |   171.86   |       |           |                 |
| Total          |  2056.19   |       |           |                 |
```

(b) 增加同步装置

图 3-22　FPGA 功耗

从图 3-22 中可以看出，增加模数本振相位同步装置后的 FPGA 功耗从 2035.99 mW 提升至 2056.19 mW，功耗仅提升了 1%。因此本书所提出的模数本振相位同步装置相较于参考文献[59]和[63]中的方法仅需要消耗少量的 FPGA 资源即可以实现 BI-DAQ 系统中模数本振相位的同步，且不需要额外增加任何硬件辅助。

3.5　本章小结

本章从第二章的分析出发，研究了 BI-DAQ 系统中数字端的子带恢复技术，主要包括数字上采样、数字上变频以及模拟和数字本振相位同步技术。首先，分析了数字上采样及数字上变频过程中产生的各类镜像误差并采用基于切比雪夫最佳逼近法设计的线性相位 FIR 滤波器对镜像误差进行消除。在此基础上，分析了 CORDIC 算法的算法精度及线性相位 FIR 滤波器在不同上采样倍数及量化位数系统时对阻带衰减的影响，为滤波器参数设计提供了理论指导。基于该理论分析，在实际平台上进行了实验及验证。其次，分析了 BI-DAQ 系统中模拟下变频和数字上变频过程中模数本振相位不同步现象的成因及影响。最后，围绕该问题，提出了一种基于同步时间戳的同步装置，实验结果表明，该装置不需要增加额外的硬件辅助，仅需要消耗少量的 FPGA 资源即可以实现模数本振相位的同步。

BI-DAQ 系统中数字上采样及上变频各类杂散的消除及模数本振相位的同步，确保了单个频带在数字端恢复至原始频带的准确性，为 BI-DAQ 系统后端的子带拼合及输入信号的完美重构提供了先决条件。

第四章

带宽交织采样架构的频率交叠带拼合校正技术

在完成第三章中各个频率子带的数字端恢复后,需要将多个频率子带的信号进行拼合及重构。在 BI-DAQ 中,子带分解滤波器决定了各个子带的频带划分,频带的划分直接决定了系统输入信号重构的难度,理想的模拟子带分解滤波器具有如图4-1所示的砖墙式频响。在砖墙式频响中,子带分解滤波器将频率子带划分为若干个独立的频率子带,子带之间不存在交叠。此时,带宽内的任意频率点的信号仅存在于某一个子带,因此在进行子带拼合及重构的过程中,子带间信号不会互相干扰。

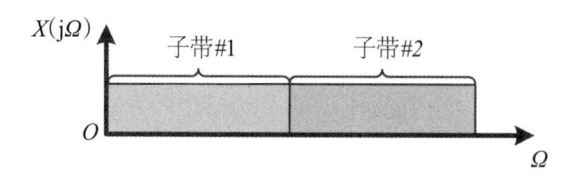

图4-1 砖墙式频响的子带分解示意图

在实际情况中,模拟滤波器由于受滚降特性等影响,往往难以实现图4-1中的砖墙式频响。实际子带分解滤波器的频响多为如图4-2所示的频响。在图4-2中,子带分解滤波器的通带与阻带之间存在一个频率过渡带,频率过渡带的存在导致两个频率子带之间出现了频率相交叠的频带 Ω_{olb}。Ω_{olb} 频带中的信号会同时出现在两个频率子带,因此在子带间拼合的过程中，拼合后的信号将同时受到两个子带信号的幅度及相位的影响，影响后端子带的拼合及重构。

本章主要围绕BI-DAQ中交叠带校正问题，分析BI-DAQ中交叠带的影响，并提出相应的校正算法及解决方案。为了方便说明，本章以两子带BI-DAQ为例进行推导以及相应的算法研究。

4.1 频率交叠带的影响及定义

在BI-DAQ中，由于模拟滤波器过渡带的影响，频率子带之间存在一段频率的交叠带，如图4-2所示。其中，ω_{FCP}为两个频率子带的频率交点[67]。频率位于交叠带内的信号将同时出现在两个频率子带。如以图4-2中频率为ω_2的信号为例，该频点本应属于第二频率子带，然而由于第一频率子带滤波器的过渡带影响，信号仍然会进入第一频率子带。此时，两个子带信号拼合后的幅度受到两个子带间相位误差的影响，拼合后的信号幅度较理想幅度出现了偏差，极端情况下甚至会导致ω_2频点处两个频带的信号相互抵消，影响信号的PR。

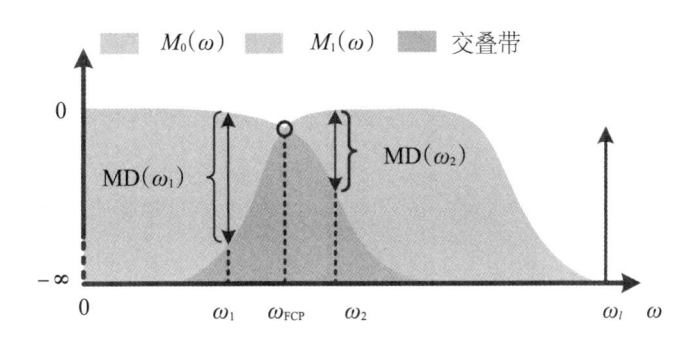

图 4-2 两子带 BI-DAQ 交叠带示意图

4.1.1 频率交叠带的数学模型

首先，对交叠带进行建模，根据式（2-8），单个子带的传递函数 $G_{m,0}(e^{j\omega})$ 为

$$G_{m,0}(e^{j\omega}) = M_m(\omega)e^{j\phi_m(\omega)} \tag{4-1}$$

式中，

$$\begin{aligned} M_m(\omega) &= \left| G_{m,0}(e^{j\omega}) \right| \\ \phi_m(\omega) &= \arg\left\{ G_{m,0}(e^{j\omega}) \right\} \end{aligned} \tag{4-2}$$

分别为单个子带的幅频及相频响应。则式（2-15）中的传递函数 $T(e^{j\omega})$ 为

$$T(e^{j\omega}) = M_T(\omega)e^{j\phi_T(\omega)} \tag{4-3}$$

在本节的两子带 BI-DAQ 系统中，有

$$\begin{aligned} M_T(\omega) &= \sqrt{M_0(\omega)^2 + M_1(\omega)^2 + 2M_0(\omega)M_1(\omega)\cos\Delta\phi(\omega)} \\ \phi_T(\omega) &= \arctan\left(\frac{M_0(\omega)\sin\phi_0(\omega) + M_1(\omega)\sin\phi_1(\omega)}{M_0(\omega)\cos\phi_0(\omega) + M_1(\omega)\cos\phi_1(\omega)} \right) \end{aligned} \tag{4-4}$$

式中，$\Delta\phi(\omega) = \phi_1(\omega) - \phi_0(\omega)$ 为两个子带之间的相频响应之差。

4.1.2 交叠带频率范围

在完成交叠带的建模后，需要根据交叠带对通带幅频响应的影响程度确定系统交叠带的频率范围，进而确定交叠带的补偿范围。从式（4-4）中可以看出，当 $M_0(\omega)$ 远大于 $M_1(\omega)$ 时，$M_T(\omega) \approx M_0(\omega)$，$\phi_T(\omega) \approx \phi_0(\omega)$，反之亦然。定义两个子带之间的幅度差为

$$\mathrm{MD}(\omega) = 20 \times \log\left(\frac{M_0(\omega)}{M_1(\omega)} \right) \tag{4-5}$$

根据式（4-4），$M_T(\omega)$ 在 $\omega=\omega_1$ 处对应的最大值及最小值分别对应 $M_0(\omega_1)+M_1(\omega_1)$ 及 $|M_0(\omega_1)-M_1(\omega_1)|$，也分别对应 $\Delta\phi(\omega_1)=0$ 及 $\Delta\phi(\omega_1)=\pm\pi$。因此，由于相位误差引入的拼合后幅度波动可以表示为

$$\mathrm{MF}(\omega)=20\times\log\left(\frac{M_0(\omega)+M_1(\omega)}{M_0(\omega)-M_1(\omega)}\right)=20\times\log\left(\frac{10^{\mathrm{MD}(\omega)/20}+1}{10^{\mathrm{MD}(\omega)/20}-1}\right) \quad (4\text{-}6)$$

在式（4-6）中，$\mathrm{MF}(\omega)$ 是 $\mathrm{MD}(\omega)$ 的单调递减函数，这意味着当两个频率子带的幅频响应之差 $\mathrm{MD}(\omega)$ 大于某一阈值时，由于两个子带之间相位差引入的 BI-DAQ 的幅频波动可以忽略不计，该阈值定义为

$$\mathrm{MD}_{\max}=20\times\log\left(\frac{10^{\frac{\mathrm{MF}_{\max}}{20}}+1}{10^{\frac{\mathrm{MF}_{\max}}{20}}-1}\right) \quad (4\text{-}7)$$

式中，$\mathrm{MF}_{\max}$ 为 BI-DAQ 系统可以接受的因子带间相位差导致的最大幅频响应波动，单位为 dB。

因此，可以将 BI-DAQ 系统的交叠带定义为

$$\begin{cases}\omega\in\omega_{\mathrm{olp}} & \mathrm{MD}(\omega)\leqslant\mathrm{MD}_{\max}\\ \omega\notin\omega_{\mathrm{olp}} & \mathrm{MD}(\omega)>\mathrm{MD}_{\max}\end{cases} \quad (4\text{-}8)$$

式中，ω_{olp} 为 BI-DAQ 系统的交叠带范围。

综上所述，频率位于交叠带的系统幅度传递函数 $M_T(\omega)$ 不仅与两个子带的幅度传递函数 $M_0(\omega)$ 以及 $M_1(\omega)$ 有关，还受二者之间的相位差 $\Delta\phi$ 的影响。反之，交叠带外的信号仅与两个子带的幅度函数相关，与相位差无关。

4.1.3 交叠带的影响

在完成交叠带的定义后，本节将对交叠带内相位误差的影响进行分析。假设理想的拼合后交叠带的幅频响应为 $M_{\mathrm{ideal}}(\omega)=M_0(\omega)+M_1(\omega)$，对应 $\Delta\phi(\omega)=0$，定义交叠带拼合的相对幅度误差为

$$M_{\text{rel}}(\omega) = 20 \times \log \frac{M_{\text{T}}(\omega)}{M_{\text{ideal}}(\omega)}, \omega \in \omega_{\text{olp}} \qquad (4\text{-}9)$$

将式（4-4）及（4-5）带入式（4-9）中，相对幅度误差 $M_{\text{rel}}(\omega)$ 可以写作：

$$M_{\text{rel}}(\omega) = 10 \times \log \left[1 + \frac{2 \times 10^{\frac{\text{MD}(\omega)}{20}} (\cos \Delta\phi(\omega) - 1)}{(1 + 10^{\frac{\text{MD}(\omega)}{20}})^2} \right] \qquad (4\text{-}10)$$

图 4-3 展示了子带间幅度差与相位差对拼合后幅频响应的影响。在图 4-3（b）中，当幅度差 MD 为一常数时，M_{rel} 随着 $\Delta\phi$ 接近 ±π 而降低，即两个子带拼合后的幅度较理想幅度偏差较大。在极端情况下，当 MD = 0 且 $\Delta\phi = \pm\pi$ 时，拼合后的幅度 $M_{\text{T}} = 0$，这会导致拼合后的幅频响应出现较大的凹陷，严重影响后端幅频响应的校正。而当 $\Delta\phi$ 为常数时，M_{rel} 随着 MD 的增大而增大，即两个相邻子带之间的 MD 越小，拼合后的相对幅频响应误差 M_{rel} 对两个子带的相位差 $\Delta\phi$ 越敏感。

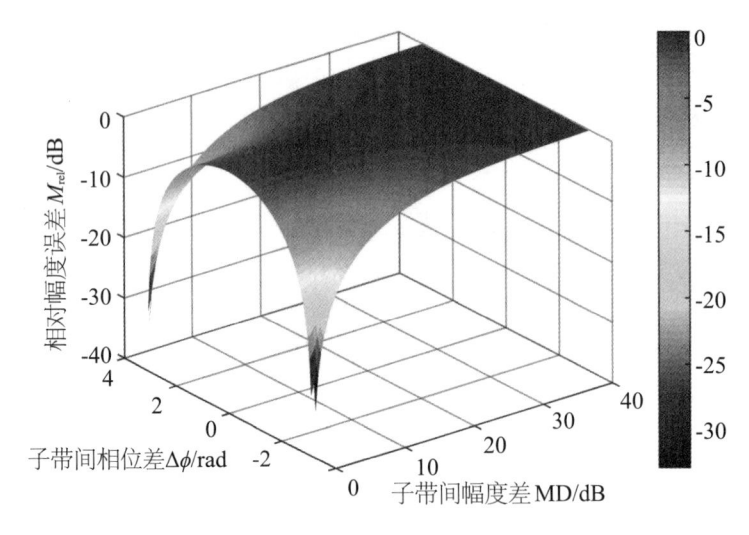

（a）相对误差 M_{rel} 的误差面

相对幅度误差 M_{rel}/dB

(b) 相对误差 M_{rel} 的等高线

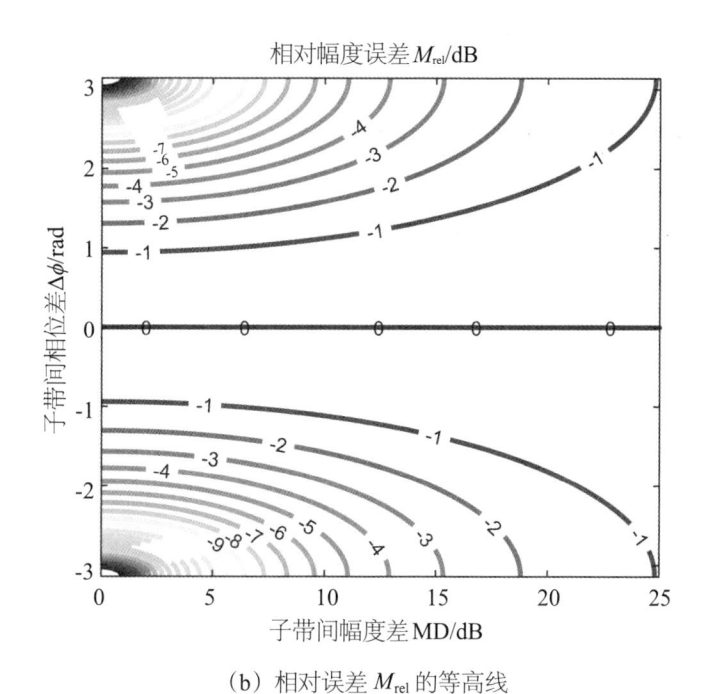

图4-3 子带间幅度差与相位差对拼合后幅频响应的影响

交叠带间相位差来源于两方面，一方面是两个子带信号路径的延迟不一致（子带一只经过滤波器，子带二还需经过混频器），导致两个子带之间存在延迟差，即线性的相位差；另一方面，由于模拟滤波器 $H_{a_m}(j\Omega)$ 及 $H_{ai_m}(j\Omega)$ 的非线性相位特性，每个子带的相频响应同样具有非线性的特性，从而引入了两个子带间相位差 $\Delta\phi(\omega)$ 的非线性特性。因此，$\Delta\phi(\omega)$ 可以划分成两个部分，即线性相位及非线性相位差。

$$\Delta\phi(\omega) = -\underbrace{\omega \cdot \delta_d}_{\text{线性相位}} + \underbrace{\delta\phi(\omega)}_{\text{非线性相位}} \tag{4-11}$$

式中，δ_d 为两个子带之间的延时差；$\delta\phi(\omega)$ 为两个子带之间的非线性相位差。

4.2 频率交叠带的相频响应估计算法

4.2.1 基于三参数正弦拟合的交叠带幅度/相位差估计算法

在进行交叠带相位差校正前,首先需要根据式(4-8)确定 BI-DAQ 系统的交叠带频率范围,再进行相频响应偏差的估计。正弦扫频法[95]是一种非常有效的系统频响测试方法,被广泛应用于各种场景。利用一系列等幅度、等频率间隔的正弦信号作为激励信号输入 BI-DAQ 系统中,其中正弦信号频率覆盖整个 BI-DAQ 系统的带宽。则两个子带之间的幅度差以及相位差可以表示为

$$\begin{aligned}\mathrm{MD}(\omega_n)&=\frac{M_{\mathrm{abs}_0}(\omega_n)}{M_{\mathrm{abs}_1}(\omega_n)}\\ \Delta\phi(\omega_n)&=\phi_{\mathrm{abs}_1}(\omega_n)-\phi_{\mathrm{abs}_0}(\omega_n)\end{aligned} \quad (4\text{-}12)$$

式中,$\phi_{\mathrm{abs}_0}(\omega_n)$ 和 $\phi_{\mathrm{abs}_1}(\omega_n)$ 均是频率为 ω_n 的正弦信号在两个频率子带的初相;$M_{\mathrm{abs}_0}(\omega_n)$ 和 $M_{\mathrm{abs}_1}(\omega_n)$ 均为正弦信号的幅度。

三参数正弦拟合算法是一种基于最小二乘法的拟合算法,在已知信号频率的情况下,通过拟合离散信号与正弦信号来实现离散信号相位、幅度及偏置的估计。假设 M 个采样点的离散信号为 $x[0],x[1],\cdots,x[M-1]$,三参数正弦拟合算法通过最小化下式来估计 A_0、B_0 及 C_0 的值。

$$\sum_{n=0}^{M-1}\left[x[n]-A_0\cos(2\pi\omega_0 n)-B_0\sin(2\pi\omega_0 n)-C_0\right]^2 \quad (4\text{-}13)$$

式中,$\omega_0=f_0/f_s\times 2\pi$ 为待测正弦信号的数字角频率;f_0 为待测信号频率;f_s 为系统采样率。为了计算 A_0、B_0 及 C_0 的值,构造矩阵:

$$D_0 = \begin{bmatrix} 1 & 0 & 1 \\ \cos(2\pi\omega_0) & \sin(2\pi\omega_0) & 1 \\ \cos(2\pi\omega_0 \times 2) & \sin(2\pi\omega_0 \times 2) & 1 \\ \vdots & \vdots & \vdots \\ \cos(2\pi\omega_0 \times (M-1)) & \sin(2\pi\omega_0 \times (M-1)) & 1 \end{bmatrix} \quad (4\text{-}14)$$

$$x = [x[0], x[1], \cdots, x[M-1]]^T$$

$$s_0 = [A_0, B_0, C_0]^T$$

因此，式（4-13）可以表示为以下矩阵的形式：

$$(x - D_0 s_0)^T (x - D_0 s_0) \quad (4\text{-}15)$$

式中，$(\cdot)^T$ 表示矩阵（向量）的转置。从而，最小二乘解 $\hat{s}_0$ 可以根据下式计算。

$$\hat{s}_0 = (D_0^T D_0)^{-1} (D_0^T x) \quad (4\text{-}16)$$

拟合后的正弦信号可以表示为

$$y[n] = A\cos(2\pi\omega_0 n + \theta) + C \quad (4\text{-}17)$$

式中，

$$A = \sqrt{A_0^2 + B_0^2}$$

$$\theta = \begin{cases} \arctan\left(\dfrac{A_0}{B_0}\right) & if\ A_0 \geqslant 0 \\ \arctan\left(\dfrac{A_0}{B_0}\right) \pm \pi & if\ A_0 < 0 \end{cases} \quad (4\text{-}18)$$

至此，配合正弦扫频测试方法即可获得系统交叠带的相频响应差 $\Delta\phi(\omega)$。

4.2.2 三参数正弦拟合算法的相位/幅度差估计实验结果分析

本节对上述三参数正弦拟合的幅度初相估计算法进行仿真以验证该算法的有效性，并分析该算法的估计精度与 SNR，以明确估计的采样点数与信号输入频率之间的关系。

首先验证算法的有效性，将系统采样频率设置为 20 GSa/s，信号频率为 1 GHz，每个子带均加上均值为零的高斯白噪声，SNR 为 30 dB，正弦拟合数据长度为 2000 个采样点。相位误差及幅度误差分别设置为 $\Delta\phi=[0,\pi/3,\pi,4\pi/3]$ rad，MD$=[0.1,0.6,1.2,1.6]$，根据三参数正弦拟合算法估计出的误差见表 4-1 所列。由表 4-1 中结果可知，三参数正弦拟合算法可以对交叠带的相位差和幅度差进行估计，且拥有较高的精度。

表 4-1 基于三参数正弦拟合算法的相位/幅度差估计结果

数值类型	交叠带相位差/rad			交叠带幅度差/dB		
实际值	$\pi/3$	π	$5\pi/3$	10	20	25
估计值	1.046 9	3.142 8	−1.047 9	9.974 7	20.003	25.009 2
绝对误差值	−0.000 3	0.001 3	−0.000 7	−0.025 3	0.003	0.009 2
相对估计误差/%	0.03	0.03	−0.01	−0.25	0.01	0.04

为了更好地评估三参数正弦拟合算法的估计精度，设计实验时考虑噪声、数据拟合长度及信号频率的影响，采用均方根（root mean square，RMS）作为算法估计精度的指标，在这里 RMS 的定义为

$$RMS = \sqrt{\frac{1}{N}\sum_{0}^{N-1}(\Delta\hat{e}-\Delta e)} \tag{4-19}$$

式中，N 为统计的次数；$\Delta\hat{e}$ 及 Δe 分别表示误差的估计值和真实值。显然，误差的 RMS 越小，估计精度也越高。

图 4-4 为 RMS 受信号 SNR 和正弦拟合数据长度影响的示意图，其中系统采样率为 20 GSa/s，输入信号频率为 1 GHz。由图中曲线可以看出，随着系统 SNR 的提升，误差的 RMS 随之下降，还说明估计精度随着信号 SNR 的提高而提高。与此同时，信号的拟合数据长度也会影响估计的精度，随着信号拟合数据长度的增加，RMS 值随之下降，这意味着算法的估计精度随着拟合数据长度的增加而提高。因此，对于三参数正弦拟合算法，提高系统 SNR 或者增加信号拟合数据长度均可以提高估计的精度。

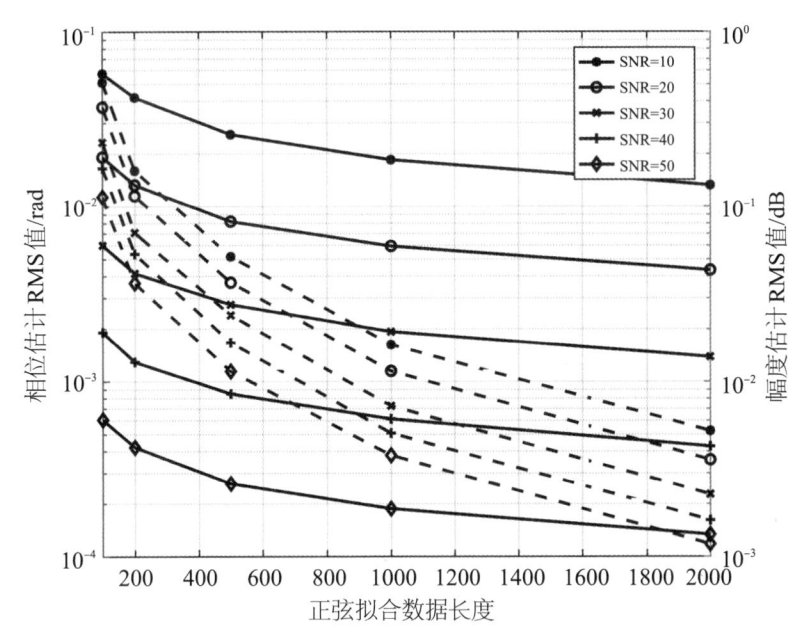

图4-4 RMS受信号SNR和正弦拟合数据长度影响的示意图
（注：虚线为幅度估计RMS值，实线为相位估计RMS值）

图4-5为RMS受待估计信号数字角频率和拟合数据长度影响的示意图，SNR为30 dB。从图中可以看出，在信号频率较低时，估计精度对信号的拟合数据长度十分敏感，这是因为低频信号的单个周期采样点数较多，当拟合的数据长度远小于信号的周期采样点数时，会存在较大的估计误差。

当拟合数据长度为2000个采样点时，从图4-5中可以看出，误差的估计精度将不再随着信号频率的增加而提高。说明该算法在低频信号需要更多的采样点数来保证估计精度，而在高频信号则可以使用较少的数据长度完成相位的估计，因此更适合用于高频信号的相位差/幅度差估计。BI-DAQ系统交叠带内的信号往往都是较高频率的信号，因此该方法适用于交叠带内相位/幅度差的估计且具有较高的估计精度。

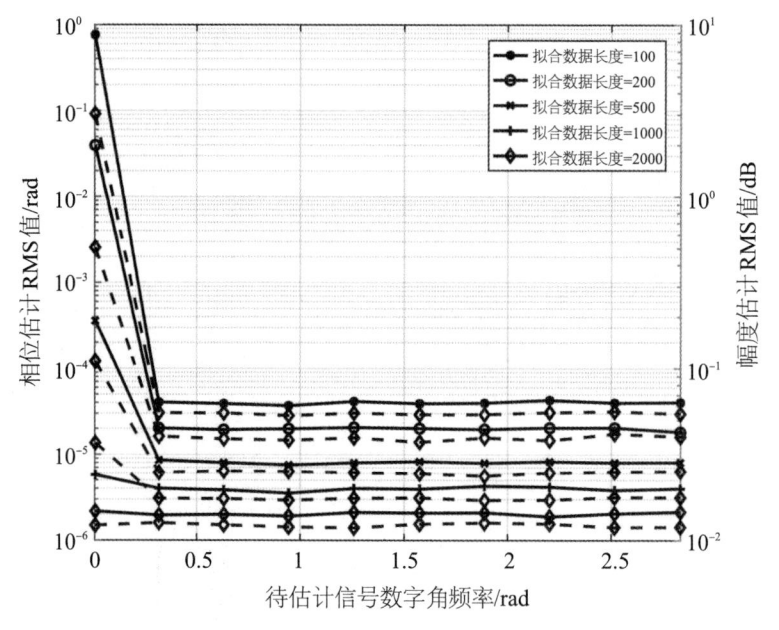

图 4-5 RMS 受待估计信号数字角频率和拟合数据长度影响的示意图
（注：虚线为幅度估计 RMS 值，实线为相位估计 RMS 值）

4.3 频率交叠带的相位补偿技术

根据上述分析，交叠带之间的相位差会严重影响 BI-DAQ 系统拼合后的幅频响应，因此需要对子带的相位差进行补偿，以降低相位差对拼合后幅频响应的影响。本节将从相位补偿模块组成以及补偿模块参数的设计出发，阐述交叠带之间的相位差补偿方法。

4.3.1 交叠带校正模块结构

根据 4.1.3 节中的分析，交叠带的相位差由线性相位及非线性相位两部分组成，如式（4-11）所示，为了补偿相位差中的线性及非线性构成，本书采用分治法的思想提出了如图 4-6 所示的交叠带相位差补偿结构。

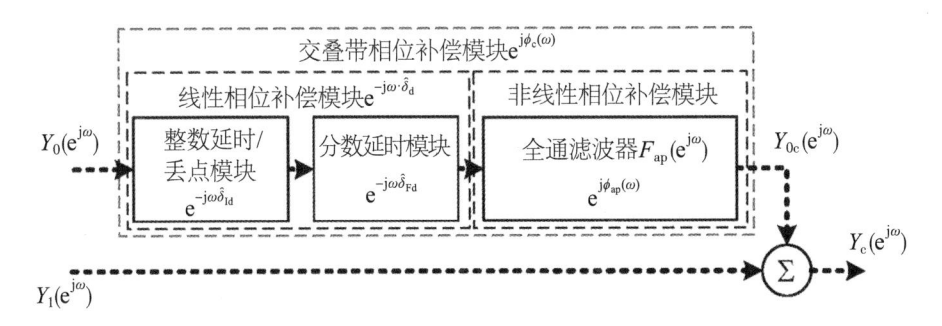

图 4-6　交叠带相位差补偿结构

在图 4-6 中，交叠带相位补偿模块由两个部分组成，即线性相位补偿模块及非线性相位补偿模块，分别用于补偿式（4-11）中的线性及非线性分量。其中，线性相位补偿模块由整数延时/丢点模块及分数延时模块组成，对应的相频响应分别为 $e^{-j\omega\hat{\delta}_{Id}}$ 以及 $e^{-j\omega\hat{\delta}_{Fd}}$；线性相位补偿模块的总体相位为 $e^{-j\omega\hat{\delta}_d}$，$\hat{\delta}_d = \hat{\delta}_{Id} + \hat{\delta}_{Fd}$，$\hat{\delta}_{Id}$ 为一个整数，其符号决定了线性相位补偿模块进行整数延时或者整数丢点操作。

非线性相位补偿模块由全通滤波器组成。全通滤波器具有恒定的系统增益及相位延时特性[96]，被广泛应用于各种非线性相位校正中[97~99]。这种特性使得全通滤波器只改变子带的相频响应且不会影响子带的幅频响应，适用于 BI-DAQ 系统交叠带的相频响应校正。全通滤波器 $F_{ap}(e^{j\omega})$ 的二阶级联形式的 z 域表达式为

$$F_{ap}(z) = \prod_{p=1}^{P/2} \frac{|\xi_p|^2 - 2 \cdot \text{Re}(\xi_p) \cdot z^{-1} + z^{-2}}{1 - 2 \cdot \text{Re}(\xi_p) \cdot z^{-1} + |\xi_p|^2 \cdot z^{-2}} \tag{4-20}$$

式中，$\xi_p = A_P \cdot e^{j\theta_p}$ 为第 p 个二阶节的极点，A_p 及 θ_p 分别为该极点的模长及相角，p 为全通滤波器的阶数。由于式（4-20）中所有的系数均为实数，因此第 p 个二阶节的另外一个极点可以表示为 ξ_p^*，$(\cdot)^*$ 为共轭操作符号。其相频响应可以根据下式计算。

$$\varphi_{\mathrm{ap}}(\omega)=-P\omega-2\sum_{p=1}^{P/2}\left\{\arctan\left[\frac{A_p\sin(\omega-\theta_p)}{1-A_p\cos(\omega-\theta_p)}\right]+\arctan\left[\frac{A_p\sin(\omega+\theta_p)}{1-A_p\cos(\omega+\theta_p)}\right]\right\} \quad (4\text{-}21)$$

此时，补偿结构的相频响应可以表示为

$$\varphi_{\mathrm{c}}(\omega)=-(\hat{\delta}_{\mathrm{d}}+P)\omega-2\sum_{p=1}^{P/2}\left\{\arctan\left[\frac{A_p\sin(\omega-\theta_p)}{1-A_p\cos(\omega-\theta_p)}\right]+\arctan\left[\frac{A_p\sin(\omega+\theta_p)}{1-A_p\cos(\omega+\theta_p)}\right]\right\}$$
$$(4\text{-}22)$$

基于该补偿架构，补偿后的交叠带相位差可以表示为

$$\Delta\phi_{\mathrm{c}}(\omega)=\phi_1(\omega)-\phi_{0\mathrm{c}}(\omega)=\phi_1(\omega)-\left(\phi_0(\omega)+\varphi_{\mathrm{c}}(\omega)\right) \quad (4\text{-}23)$$

将图4-6所示的交叠带补偿结构应用于子带0是因为定义的交叠带相位差 $\Delta\phi(\omega)$ 为 $\phi_1(\omega)-\phi_0(\omega)$，反之，当交叠带相位差 $\Delta\phi(\omega)$ 定义为 $\phi_0(\omega)-\phi_1(\omega)$ 时，补偿结构则作用于子带1。这种灵活的补偿方式使得该方法同样可以适用于多个频率子带的情况。

根据前面分析，经过交叠带补偿模块，两个频率子带相位差应该满足 $\phi_{0\mathrm{c}}(\omega)=\phi_1(\omega)$。此时，相位补偿模块的相频响应满足：

$$\begin{aligned}\Delta\phi(\omega)&=\phi_{\mathrm{c}}(\omega,U)\\&=-(\hat{\delta}_{\mathrm{d}}+P)\omega-2\sum_{p=1}^{P/2}\left\{\arctan\left[\frac{A_p\sin(\omega-\theta_p)}{1-A_p\cos(\omega-\theta_p)}\right]+\right.\\&\quad\left.\arctan\left[\frac{A_p\sin(\omega+\theta_p)}{1-A_p\cos(\omega+\theta_p)}\right]\right\}\end{aligned}$$
$$(4\text{-}24)$$

式（4-24）由于有 $\arctan(\cdot)$ 函数存在，因此是关于 ω 的非线性方程，而求解系数 U 的过程可以采用非线性优化的方法，其中，

$$U=[\delta_d,A,\boldsymbol{\theta}],A=(A_1,A_2,\cdots,A_{P/2})^{\mathrm{T}},\boldsymbol{\theta}=(\theta_1,\theta_2,\cdots\theta_{P/2})^{\mathrm{T}} \quad (4\text{-}25)$$

定义误差向量 $\boldsymbol{R}$，有

$$\boldsymbol{R}=[e(\omega_1,U),e(\omega_2,U),\cdots,e(\omega_N,U)]^{\mathrm{T}} \quad (4\text{-}26)$$

N 为频点个数，其中，

$$e(\omega,U)=\sqrt{W(\omega)}\left[\phi_{\mathrm{c}}(\omega,U)-\Delta\bar{\phi}(\omega)\right] \quad (4\text{-}27)$$

式中，$W(\omega)$ 为加权函数。

根据4.1.3节的分析，交叠带幅度差 $\mathrm{MD}(\omega)$ 越小的频点对相位差 $\Delta\phi(\omega)$

越敏感，因此加权函数定义为

$$W(\omega) = 10^{-\frac{\mathrm{MD}(\omega)}{1000}} \tag{4-28}$$

式（4-28）为 MD(ω) 的单调递减函数。继而定义一个加权非线性最小均方（non-linear least square，NLS）问题为

$$\mathrm{Minimize} \quad E(U) = \frac{1}{N} \boldsymbol{R}^\mathrm{T} \boldsymbol{R}$$

$$\mathrm{s.t.} \quad A_p < 1, \quad p = 1, 2, \cdots, P/2 \tag{4-29}$$

式中，$A_p < 1$ 的约束是为了确保补偿模块中全通滤波器的稳定性，即全通滤波器的极点均在 z 域的单位圆内[96]。

牛顿类迭代算法是解决 NLS 问题的有效方法，诸如高斯牛顿法（Gauss-Newton method，GN）及 Levenberg-Marquardt（LM）算法等[100]。然而，该类算法严重依赖于迭代起始点的选择，不恰当的起始点选择会导致迭代陷入局部最优解[101]。除此之外，该类算法属于无约束优化算法，迭代的结果可能导致补偿结构中全通滤波器的极点超出单位圆，导致全通滤波器不稳定，影响交叠带相位的补偿效果。

近年来，元启发式算法在求解这类 NLS 优化问题上受到了越来越多的关注，如遗传算法（GA）[102~103]、差分进化（DE）[104~105]算法、蚁群优化（ACO）[106]算法、人工蜂群（ABC）[107]算法和粒子群优化（PSO）[108~109]算法。这些算法基于种群的优化，结合了随机搜索和选择策略来获得全局最优解。

在这些算法中，遗传算法的全局搜索能力高度依赖多样性机制，极大地增加了实现的复杂度[110]。DE 算法克服了遗传算法复杂的缺点，但对控制参数的选择更为敏感[111]。蚁群优化算法具有鲁棒性强的局部寻优能力，但对于多极值问题，它往往趋向于局部最优。此外，蚁群优化算法具有较慢的下降速度[112]。ABC 算法是近年来出现的一种求解多极值问题的算法。但也存在一些障碍，ABC 算法由于采用概率机制，比 PSO 算法消耗了更多的迭代次数和运行时间[110]。

与前面提到的其他元启发式算法相比，PSO 算法更易于实现，且需要

调整的参数较少。此外，粒子之间的共享机制[113]提供了更好的收敛性能。然而，粒子群算法在逼近全局最优解时收敛速度下降，而且其优化结果具有很强的随机性。如何提高PSO算法的收敛速度和数值稳定性已成为一个重要的研究课题。

根据前面的分析，牛顿类迭代算法具有良好的数值稳定性，且在接近最优解时仍有较快的下降速度，可以很好地解决PSO算法在迭代后期速度慢的问题。因此，本书提出了一种基于混合粒子群（hybrid PSO Levenberg-Marquardt，HPSOLM）算法的NLS优化方法。该方法利用LM算法加快了粒子群算法的收敛速度，降低了粒子群算法的随机性。而粒子群算法的引入解决了LM算法对初始值选择敏感的问题。同时，该算法通过将LM算法迭代变量进行映射处理，解决了LM算法可能导致的APF不稳定问题。

4.3.2 基于混合粒子群算法的频率交叠带补偿结构参数设计方法

PSO算法[114]是一种基于种群的多点进化算法。PSO算法的搜索过程首先是粒子群在搜索空间中跟随当前的最优粒子移动，改变粒子的位置和速度来寻找全局最优粒子位置。粒子在运动过程中，通过在粒子之间共享位置信息，在搜索空间中寻找一个合适的解。PSO算法中单个粒子的更新速度可以根据下式计算。

$$V_s^{k+1} = V_s^k + C_1 \cdot r_1 \cdot (zb_s - U_s^k) + C_2 \cdot r_2 \cdot (gb - U_s^k) \qquad (4-30)$$

式中，$s \in [1, S]$ 为粒子的索引值，S 为粒子种群的粒子个数；C_1，C_2 均为加速常数；r_1，r_2 均为均匀分布在 $[0,1]$ 的随机数；zb_s 及 gb 分别对应第 s 个粒子及粒子种群的历史最优解；$k \in [1, K]$ 为迭代次数的索引值，K 为迭代的最大次数。粒子的更新方程为

$$U_s^{k+1} = \chi\{U_s^k + V_s^{k+1}\} \qquad (4-31)$$

在式（4-31）中，$\chi\{\cdot\}$ 为约束函数，用于确保补偿结构中全通滤波器

的稳定性。当全通滤波器极点位于单位圆上时，即 $A_p=1$ 时，全通滤波器处于临界稳定的状态，因此本书引入一个略小于1的变量 ρ 用于确保全通滤波器的稳定性，为此，约束函数 $\chi\{\cdot\}$ 则可以表示为

$$\chi\{U_s\} = \begin{cases} U_s \cdot A_p = \rho & U_s \cdot A_p > \rho \\ U_s \cdot A_p = U_s \cdot A_p & U_s \cdot A_p \leqslant \rho \end{cases} \tag{4-32}$$

在产生新的粒子群后，寻找并更新单个粒子及粒子群的历史最优解 zb_s 及 gb，直至迭代次数达到预先设定的 K 值。

迭代 K 次后的种群最优解 gb 作为LM算法的迭代初始值用于计算。然而，如果直接采用 gb 进行迭代，由于LM算法属于无约束最优化算法，可能会使迭代出的全通滤波器极点超出稳定的区间。因此，本书将 $U_s \cdot A_p$ 定义为

$$A_p = F(x_p) = \frac{1}{1+e^{-x_p}}, \tag{4-33}$$

式中，$A_p \in (0,1)$；x_p 的取值范围为 $x_p \in (-\infty,\infty)$。式（4-33）是单调递增函数，它提供了补偿模块中整个空间 $(-\infty,\infty)$ 与APF稳定区域 $(0,1)$ 的一一映射，如图4-7所示。

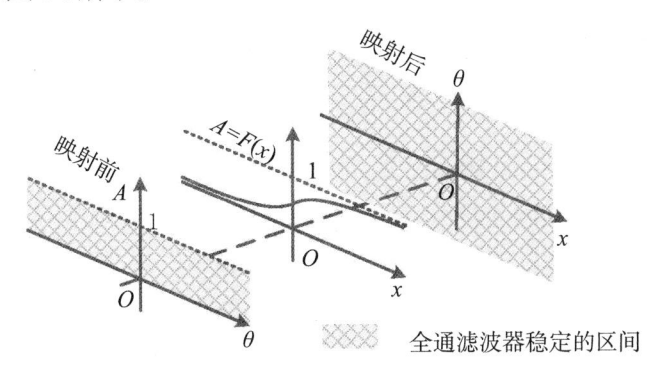

图4-7 有约束优化到无约束优化的映射

此时，式（4-29）中的有约束最小均方问题转换为下式的无约束最小均方问题。

$$\text{Minimize} \quad E(\hat{U}) = \frac{1}{N} \boldsymbol{R}_x^T \boldsymbol{R}_x \tag{4-34}$$

其中，

$$\boldsymbol{R}_x = \left[e_x(\omega_1, \hat{U}), e_x(\omega_2, \hat{U}), \cdots, e_x(\omega_N, \hat{U}) \right]^\mathrm{T} \quad (4\text{-}35)$$

$$e_x(\omega, \hat{U}) = \sqrt{W(\omega)} \left(\phi_c(\omega, \hat{U}) - \Delta\bar{\phi}(\omega) \right) \quad (4\text{-}36)$$

以及

$$\phi_c(\omega, \hat{U}) = -(\hat{\delta}_d + P)\omega - $$
$$2\sum_{p-1}^{P/2} \left\{ \arctan\left[\frac{F(x_p)\sin(\omega - \theta_p)}{1 - F(x_p)\cos(\omega - \theta_p)} \right] + \right.$$
$$\left. \arctan\left[\frac{F(x_p)\sin(\omega - \theta_p)}{1 - F(x_p)\cos(\omega + \theta_p)} \right] \right\} \quad (4\text{-}37)$$

$$\hat{U} = [\hat{\delta}_d, X, \theta] \quad X = (x_1, x_2, \cdots, x_{P/2})^\mathrm{T} \quad (4\text{-}38)$$

式（4-34）即可在不影响全通滤波器稳定性的前提下使用LM算法进行优化。LM算法具有强大的局部搜索能力，其更新向量可以根据下式计算：

$$\boldsymbol{\Delta} = (\boldsymbol{H} + \lambda \boldsymbol{D})^{-1} \boldsymbol{J}^\mathrm{T} \boldsymbol{W} \boldsymbol{R} \quad (4\text{-}39)$$

式中，

$$\boldsymbol{H} = \boldsymbol{J}^\mathrm{T} \boldsymbol{W} \boldsymbol{J} \quad (4\text{-}40)$$

为近似的黑塞矩阵（Hessian matrix），有

$$\boldsymbol{D} = \mathrm{diag}\{\boldsymbol{H}\} \quad \boldsymbol{W} = \mathrm{diag}\{W(\omega_1), W(\omega_2), \cdots, W(\omega_N)\} \quad (4\text{-}41)$$

式（4-41）中两式分别为只包含 $\boldsymbol{H}$ 对角元素及对角线为加权函数的对角阵，除对角线以外的矩阵元素均为0。在式（4-39）中，$\boldsymbol{J}$ 为式（4-37）的雅可比矩阵（Jacobin matrix）。

$$\boldsymbol{J} = \begin{bmatrix} \dfrac{\partial \phi_c(\omega_1)}{\partial \hat{\delta}_d} & \dfrac{\partial \phi_c(\omega_1)}{\partial x_1} & \dfrac{\partial \phi_c(\omega_1)}{\partial x_2} & \cdots & \dfrac{\partial \phi_c(\omega_1)}{\partial \theta_1} & \dfrac{\partial \phi_c(\omega_1)}{\partial \theta_2} & \cdots \\ \dfrac{\partial \phi_c(\omega_2)}{\partial \hat{\delta}_d} & \dfrac{\partial \phi_c(\omega_2)}{\partial x_1} & \dfrac{\partial \phi_c(\omega_2)}{\partial x_2} & \cdots & \dfrac{\partial \phi_c(\omega_2)}{\partial \theta_1} & \dfrac{\partial \phi_c(\omega_2)}{\partial \theta_2} & \cdots \\ \vdots & \vdots & \vdots & \vdots & \vdots & \vdots & \vdots \\ \dfrac{\partial \phi_c(\omega_N)}{\partial \hat{\delta}_d} & \dfrac{\partial \phi_c(\omega_N)}{\partial x_1} & \dfrac{\partial \phi_c(\omega_N)}{\partial x_2} & \cdots & \dfrac{\partial \phi_c(\omega_N)}{\partial \theta_1} & \dfrac{\partial \phi_c(\omega_N)}{\partial \theta_2} & \cdots \end{bmatrix} \quad (4\text{-}42)$$

通过下式计算迭代后的解：

$$\hat{U}_{\text{new}} = \hat{U}_k + \Delta_k \tag{4-43}$$

LM算法通过控制参数 λ 在梯度下降法（gradient descent，GD）和GN之间切换。如果迭代出的误差降低，则 λ 变小，算法切换到近似的GN。否则，拒绝这个迭代的结果，λ 增加，算法沿GD的方向进行下降，此时算法近似为GD。它重新计算 Δ 直到 E 下降。

（1）算法参数选择。

在HPSOLM算法中，参数 S、C_1、C_2 和 K_{PSO} 都会影响HPSOLM算法的搜索能力。其中，C_1 和 C_2 分别对应PSO算法的全局及局部搜索能力，为了确保二者的平衡，根据参考文献[115]中的讨论，本书将二者设置为 $C_1=C_2=2$，S 和 K_{PSO} 的值越高，说明HPSOLM算法的全局优化能力越强，但这也会增加优化过程的执行时间。在所提出的HPSOLM算法中，由于待解问题是一个高度非线性的复杂问题[116]，因此本书将参数 S 设置在10左右。K_{LM} 决定了HPSOLM算法的局部搜索能力。因为LM是一种局部搜索算法，所以 K_{LM} 不应该设置得太大。对于多极值问题，一旦算法陷入局部最优，单纯地增加迭代次数并不能跳出局部最优解。因此，K_{PSO} 和 K_{LM} 的选择需要根据具体情况进行选择。

（2）算法计算复杂度。

HPSOLM算法的计算复杂度取决于PSO算法和LM算法的复杂度之和。PSO和LM算法的计算复杂度分别为 $K_{\text{PSO}} \times S \times O(h)$ 和 $K_{\text{LM}} \times O(h^3)$，其中 h 为待解决问题的参数维度[117~118]。在保持 K_{PSO}、K_{LM} 和 S 不变的情况下，当 h 较小时，HPSOLM算法中LM算法的计算复杂度低于PSO算法。因此，在相同条件下，HPSOLM算法的计算复杂度小于传统的PSO算法，其迭代次数为 $K'_{\text{PSO}}=K_{\text{PSO}}+K_{\text{LM}}$。

随着 h 的增加，LM算法的复杂度将超过PSO算法。同时，在相同迭代次数下，HPSOLM算法的复杂度将高于传统PSO算法。然而，由于PSO算法的随机性，可能需要多次操作才能得到最优值。而HPSOLM算法无须多次运行就能得到最优解。从这个角度来看，HPSOLM算法仍然比传统的PSO算法具有更低的计算复杂度。

4.3.3 分数延时滤波器设计方法

根据4.3.2节提出的设计算法，算法输出的参量包括图4-6中的线性延迟 $\hat{\delta}_d$ 及全通滤波器的极点位置。但在图4-6中，线性相位补偿模块包括整数及分数延时补偿，需要将 $\hat{\delta}_d$ 拆分为分数及整数部分，整数部分时延补偿可以通过丢点或者补零实现，而分数延时部分只能通过分数延时滤波器来实现，因此需要设计分数延时滤波器。

设分数延时滤波器的z域传递函数为 $H_{\text{frac}}(z)$，则

$$H_{\text{frac}}(z) = z^{-D} \tag{4-44}$$

其频率表达式为

$$H_{\text{frac}}(e^{j\omega}) = e^{-jD\omega} \tag{4-45}$$

式（4-45）的傅里叶反变换的时域表达式为

$$h(n) = \frac{1}{2\pi}\int_{-\pi}^{\pi} e^{j\omega n} d\omega = \frac{\sin[\pi(n-D)]}{\pi(n-D)} = \text{sinc}(n-D) \tag{4-46}$$

图4-8展示了 $D=1$ 及 $D=1.2$ 时 $h(n)$ 的取值。根据傅里叶变换的性质可知，式（4-46）中的 $h(n)$ 是无限长的序列，但在实际应用中难以实现无限长的序列滤波，因此需要对 $h(n)$ 进行近似处理。

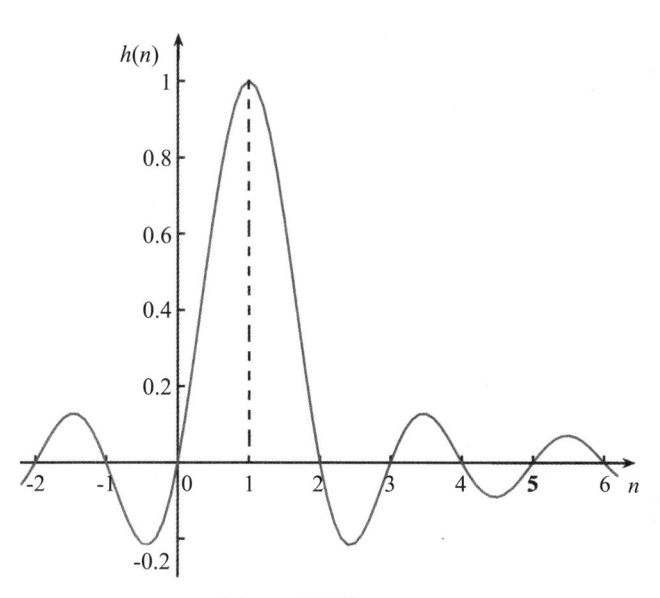

(a) D 为整数，$D=1$

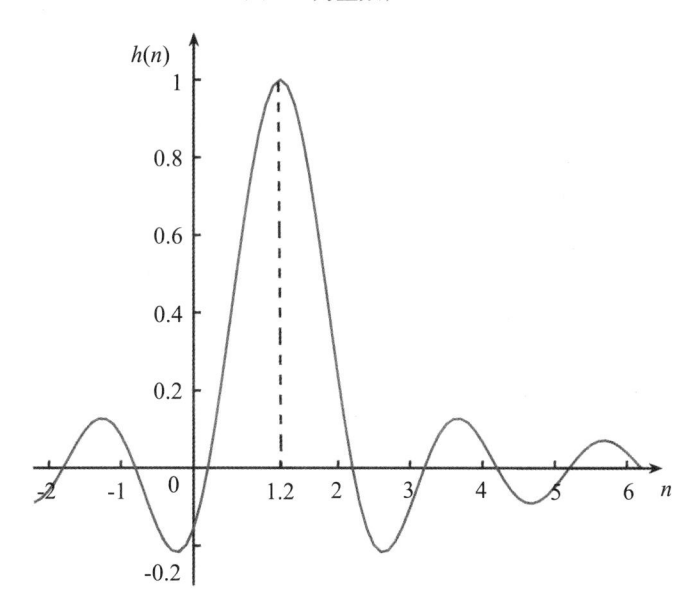

(b) D 为分数，$D=1.2$

图 4-8 sinc 函数 $h(n)=\mathrm{sinc}(n-D)$

由于 sinc 函数的能量主要集中在 $h(n)$ 的主瓣附近，因此直接对无限长序列进行截断是一种有效的近似方法。然而直接截断（矩形窗）导致的吉布斯（Gibbs）现象使得滤波器频率响应往往不能满足系统的需求，为了改善这种情况，可以通过改变窗的形状来满足系统的频率响应要求。图 4-9 展示了不同窗函数对 sinc 函数幅频响应及时延的影响，其中，滤波器阶数为 50 阶，目标分数延时为 $0.2\ T_s$。

在图 4-9 中，在不同窗函数下的通带带宽及通带的波动对比关系如下式所示。

$$\text{Blackman} < \text{Hamming} < \text{Hann} < \text{Kaiser} < \text{rectangular} \quad (4\text{-}47)$$

矩形窗（rectangular）设计的滤波器拥有最大的通带，但其通带内波动较大，Blackman 具有最小的通带，但其通带内的波动是最小的。而在图 4-9（b）中，Blackman 同样具有最小的通带时延波动。这意味着 Blackman 设计出的分数延时滤波器具有良好的线性相位特性，同时其幅频响应波动小，不会影响子带的幅频响应。虽然 Blackman 设计出的分数延时带宽较小，但是由于 BI-DAQ 系统通常具有 2～5 倍的过采样率，因此不会影响系统的带宽特性，适用于交叠带的分数延时滤波器设计。

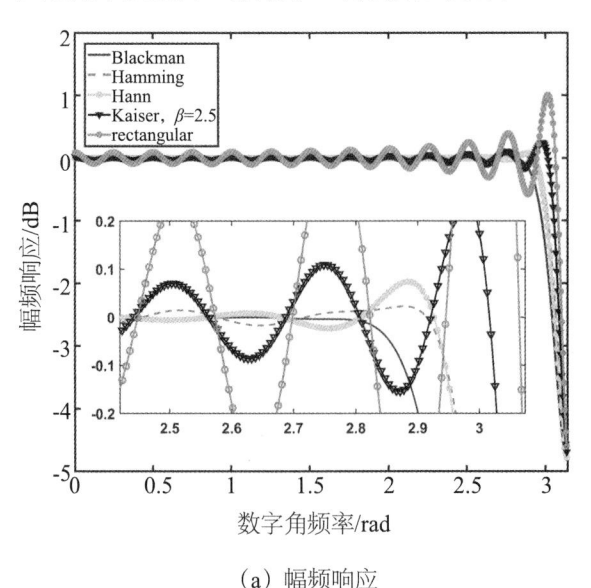

(a) 幅频响应

(b) 时延

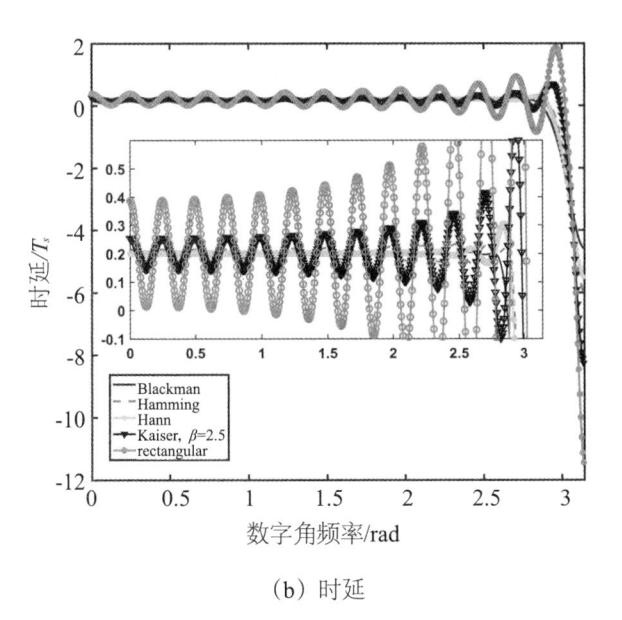

图 4-9 加不同窗函数对 sinc 函数的影响

图 4-10（a）及图 4-10（b）展示了采用 Blackman 函数设计的分数延时滤波器在不同滤波器阶数（对应不同窗函数长度）及不同分数延时值在 0～ 0.9π 频带内的 RMS 误差。

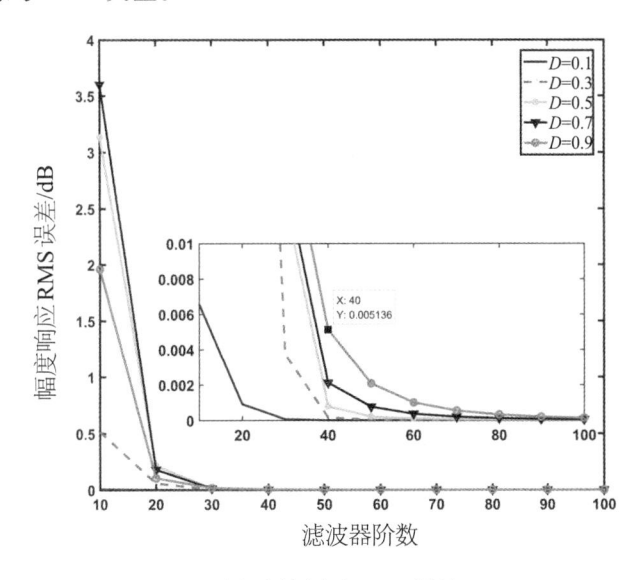

(a) 幅频响应 RMS 误差

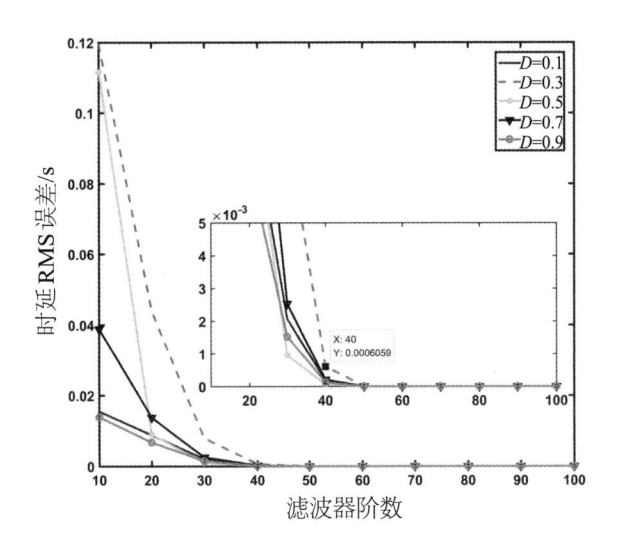

(b）时延RMS误差

图4-10　在0～0.9π频带内不同滤波器阶数及不同分数延时值的RMS误差

从图4-10中可以看出，随着分数延时滤波器阶数的增加，滤波器的频响（幅频及时延）越接近理想的情况。然而，阶数的增加无疑会增加算法实现的复杂度，因此需要进行折中选择。在图4-10中，当滤波器阶数为40阶时，针对不同分数时延的幅度误差的RMS最大值为0.005 136 dB，且时延的RMS最大值为0.000 605 9 T_s，可以满足系统的需求。

4.4　实验结果与分析

本节主要基于第六章6.1节中图6-1所示的系统硬件总体方案，对本章提出的交叠带测量及校正方法进行了实现及验证。

4.4.1 交叠带相频响应及幅频响应测量

利用宽带射频信号源SMB100A[91]产生正弦激励信号,将频率为4.8~5.35 GHz、10 MHz频率间隔的等幅度正弦信号依次输入BI-DAQ系统中,利用4.2.1节中的三参数正弦拟合算法对两个频率经子带恢复的信号的幅频及相频响应差进行估计,选择数据长度为1000个采样点,估计出的交叠带幅频与相频响应差如图4-11所示。

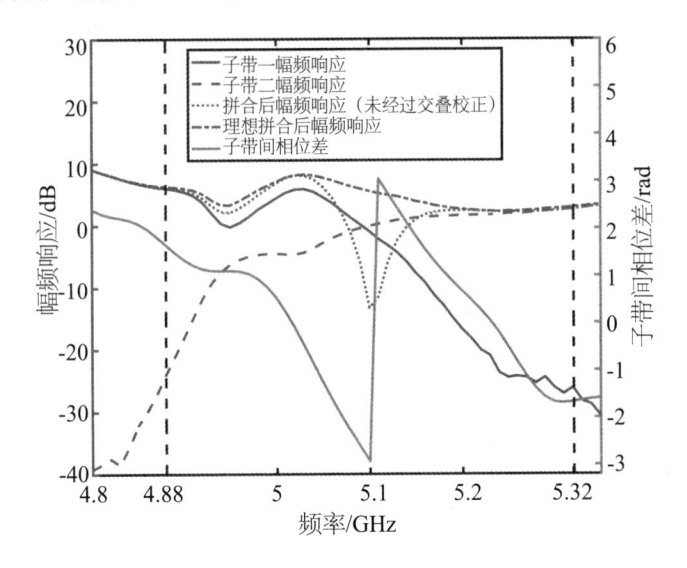

图4-11 基于三参数正弦拟合算法估计的交叠带幅频与相频响应差

观察图4-11可以发现,由于相邻子带间相位差的存在,拼合后的系统幅频响应出现了巨大的衰减。如在5.1 GHz处,理想的幅频响应为5.52 dB,而由于该频点处两个子带之间的相位差为-2.933 rad,因此拼合后的幅频响应仅有-13.29 dB,严重影响了拼合后的幅频响应。除此之外,在图4-11中可以看出,随着两个子带之间的幅度差逐渐增大,子带间相位差对拼合后系统幅频的影响逐渐减少。如在5.33 GHz处,尽管二者之间的相位差达到了-1.639 rad,但由于两个子带在该频点处的幅频差达到了32 dB,因此，引起的幅频响应误差仅有 0.2 dB，这也同样印证了 4.1.3 节中的分析，即在相位差相同的情况下，交叠带拼合后幅频响应的波动与子带间幅度之差成反比。根据式（4-8）的定义，MF_{max} 设置为 0.5 dB，则交叠带的幅度差阈值为 30 dB，因此本系统交叠带的频率范围为 4.88～5.32 GHz，如图 4-11 所示。

4.4.2 交叠带相频响应误差校正模块参数设计

基于此硬件总体方案的数据，笔者设计实验对提出的 HPSOLM 算法与传统的 PSO 算法进行了对比。为了确保对比的公平性，设置两种算法中的 PSO 算法部分具有相同的参数，两种算法的参数设置见表 4-2 所列。

表 4-2　HPSOLM 算法与 PSO 算法参数设置

算法	参数						
	S	P	C_1	C_2	ρ	K_{PSO}	K_{LM}
HPSOLM	10	2	2	2	0.99	500	500
PSO	10	2	2	2	0.99	1000	—

基于表 4-2 中的参数，分别利用 HPSOLM 算法及 PSO 算法设计 4.3.1 节中交叠带校正模块的参数，为了更为全面地评估两种算法，消除随机性对算法评估的影响，独立运行 100 次两种算法，对 100 次独立运行的结果进行统计分析。HPSOLM 算法与 PSO 算法的 RMS 值 100 次迭代的平均值如图 4-12 所示。

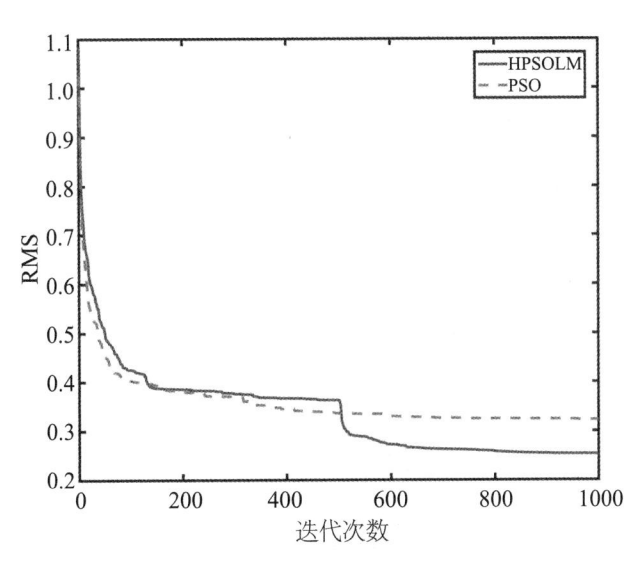

图4-12　HPSOLM算法与PSO算法迭代过程对比（100次迭代RMS平均值）

从图4-12可以看出，PSO算法在迭代初期具有较快的下降速度，而随着迭代次数的增加，在接近最优值附近时，PSO算法下降的速度明显降低。而本书提出的HPSOLM算法，在迭代500次后切换到LM算法，明显加快了算法的收敛速度，克服了PSO算法在接近最优解下降速度变慢的缺点。在同等迭代次数的情况下，PSO算法的迭代RMS平均值为0.322 7 rad，HPSOLM算法的RMS平均值为0.252 9 rad，可见，HPSOLM算法的算法精度明显优于传统的PSO算法。

为了进一步验证HPSOLM算法的优越性，本书对两种算法迭代过程进行了对比，如图4-13所示。

图4-13展示了统计100次迭代的RMS结果值，PSO算法迭代后的RMS值的最大值、最小值分别为1.138 3 rad、0.202 57 rad，中间值为0.244 66；而HPSOLM算法的最大值、最小值分别为0.863 07 rad、0.180 1 rad，优于PSO算法。除此之外，HPSOLM算法的迭代RMS值的数值稳定度也要优于PSO算法，LM算法的引入降低了PSO算法的随机性，克服了PSO算法迭代随机性的问题。

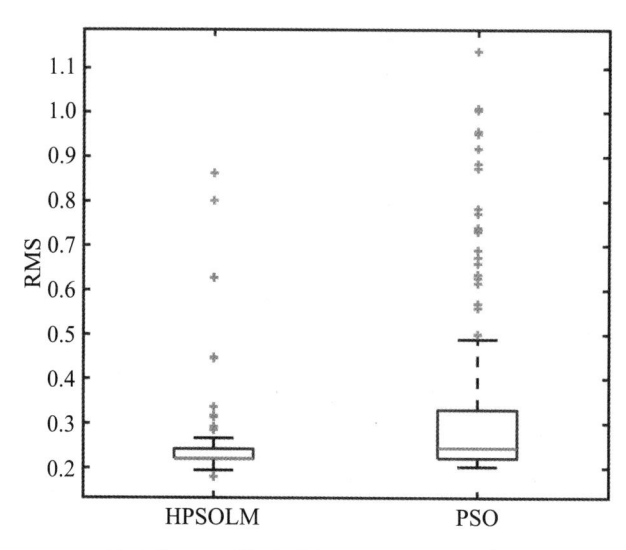

图4-13　HPSOLM算法与PSO算法迭代过程对比（100次迭代RMS统计值）

在此基础上，笔者统计了两种算法在迭代过程中的时间消耗情况，两者的时间消耗对比见表4-3所列。从表中可以发现，HPSOLM算法运算消耗的时间要远小于相同迭代次数下的PSO算法。

表4-3　HPSOLM算法与PSO算法在迭代过程中时间消耗对比

算法	时间消耗/s		
	最大值	最小值	平均值
HPSOLM	0.697 7	0.414 7	0.456 1
PSO	0.963 9	0.673 6	0.741 2

除了考虑算法性能，由于补偿模块中使用了基于IIR的APF，因此，APF的稳定性也是参数设计中需要关注的部分。基于上述100次随机实验结果，将HPSOLM算法100次迭代的APF极点分布绘制成图4-14。

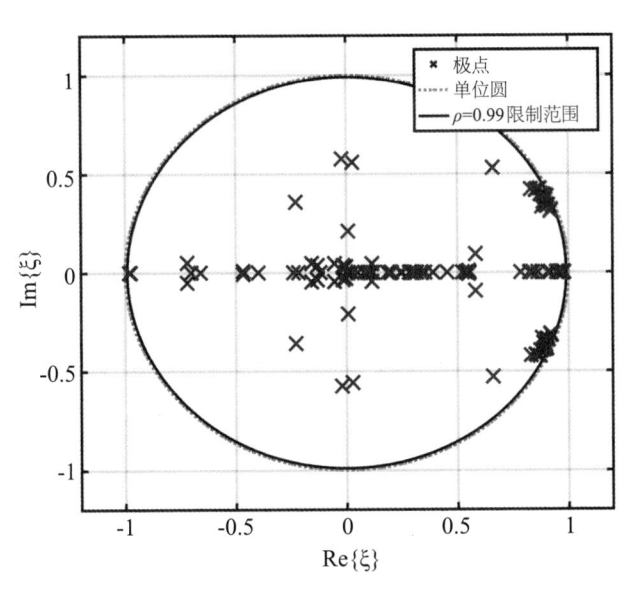

图4-14　HPSOLM算法100次独立运算结果的APF极点分布

从图4-14中可以看出，即使使用了LM这类无约束最优化算法，本书采用如图4-7所示的映射过程也可以确保HPSOLM算法迭代的全通滤波器极点均位于单位圆内，即确保了全通滤波器的稳定性。

综上所述，根据实验数据表明，HPSOLM算法优于传统的PSO算法，克服了PSO算法在接近最优解时下降缓慢问题及结果随机性迭代的问题，同时，也解决了LM算法对初始解选择的依赖。有约束至无约束的映射过程使得HPSOLM算法可以在获得最优结果的同时确保交叠带补偿模块中全通滤波器的稳定性，因此HPSOLM算法可以很好地解决交叠带补偿模块的参数设计问题。

4.4.3 数字全通滤波器有效字长效应的影响

完成补偿结构参数设计后,需要将设计出的参数应用于图6-1中的信号处理FPGA,同样面临着系数量化的问题。本书提出的交叠带相位补偿结构主要由分数延时滤波器、全通滤波器以及整数延时模块组成,其中,整数延时模块可以通过控制多个子带数据存储器的读写使能的时序关系来实现,而分数延时滤波器仍属于FIR滤波器的范畴,因此可以延续图3-17中对FIR滤波器系数量化影响的分析,采用16 bit的量化位数对分数延时滤波器进行量化处理。本节将着重分析IIR滤波器的系数量化对全通滤波器相频响应的影响。

以4.4.2节中设计的全通滤波器系数为例,不同量化位数下全通滤波器的相频响应如图4-15所示。

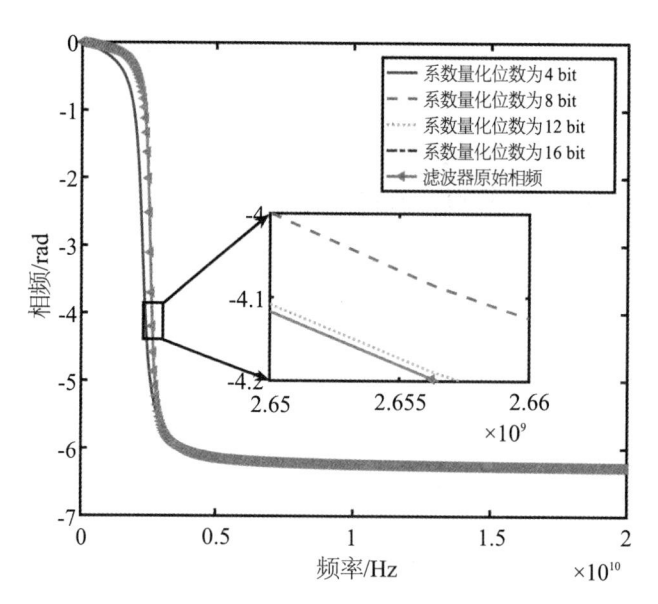

图4-15 不同量化位数下全通滤波器的相频响应

观察图4-15可以发现,当系数量化位数较低时,量化后的全通滤波器与原始的全通滤波器的相频响应偏差较大。随着量化位数的逐渐增加，量化后的相频响应与原始相频响应趋于一致，在量化位数为16 bit时，量化后的相频曲线与原始相频曲线几乎重合，不同量化位数下频响偏差的均方根值可以根据下式计算[76]：

$$\sigma_{\text{IIR}} = \frac{\Delta^2}{12} \oint_z \left\{ \frac{P+1}{\pi \text{j}} \cdot \frac{1}{A(z)A(z^{-1})} \right\} \frac{\text{d}z}{z} \tag{4-48}$$

式中，$A(z)$为全通滤波器传递函数分子的z域表达式；$\Delta = 2^{-b}$，b为量化位数。综上所述，选择全通滤波器的量化位数为16 bit。

4.4.4 交叠带相频响应补偿结果分析与讨论

将前两节设计的交叠带补偿结构应用于图6-1中的信号处理FPGA中，并再次利用三参数正弦拟合算法估计补偿后的交叠带内（4.88～5.32 GHz）的幅频及相频响应差，测量结果如图4-16所示。

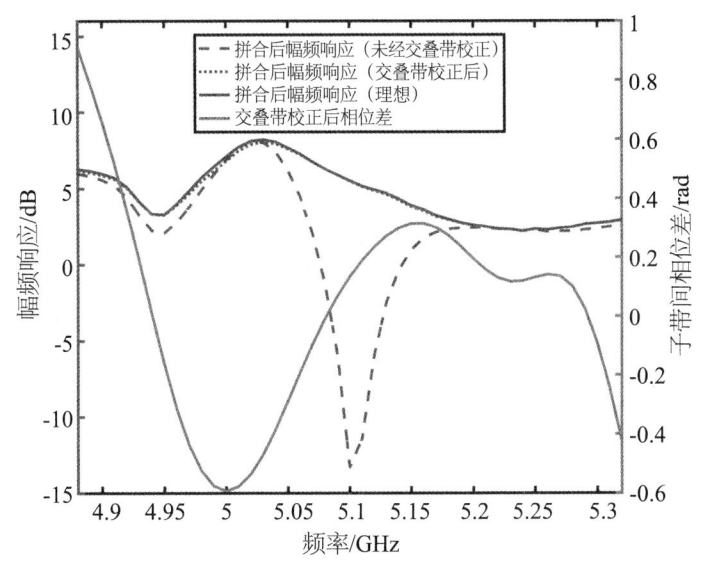

图4-16 补偿后的交叠带内幅频及相频响应差

在图4-16中，交叠带补偿模块的引入极大地降低了两个频率子带交叠带内的相位差。经过交叠带补偿，拼合后的幅频响应与理想幅频响应的误差最大值也从18.8 dB下降至0.33 dB，幅度的误差已经小于交叠带预设波动最大值0.5 dB，即经过交叠带校正，两个子带拼合后的幅频响应近似为两个子带幅频响应之和，因此实现了交叠带的相频响应校正。

4.5 本章小结

本章针对BI架构中相邻频率子带之间的频率交叠带对拼合后频响的影响以及相应的补偿算法展开了研究。根据交叠带相频响应误差对拼合后幅频响应的影响定义了交叠带频率范围，并提出了一种基于正弦扫频法配合三参数正弦拟合算法的交叠带相位差估计算法。在此基础上，又提出了一种基于APF的"线性+非线性"的交叠带相频响应补偿结构，并设计了一种基于HPSOLM的非线性优化算法，用于该补偿结构参数的优化设计。该算法结合了PSO算法的全局搜索能力以及LM算法的局部搜索能力，使得该算法可以克服PSO算法在接近最优解时下降速度缓慢问题的同时，还可以降低LM算法对初始值选取的敏感性。

经过交叠带补偿，系统拼合的频响在交叠带处近似等于两个频率子带的幅频响应之和，消除了交叠带相位差引入的幅频响应误差，验证了提出的交叠带补偿结构及算法有效性，为第五章中幅频响应的补偿研究提供了保障。

第五章

带宽交织采集架构的通带补偿算法

BI-DAQ系统重构的最终目的是要同时满足式（2-18）及式（2-19）中的PR条件。根据第三章的研究，BI-DAQ系统产生的各类杂散误差被各个子带的抗混叠滤波器 $F_{a_m}(\mathrm{e}^{j\omega})$ 以及抗镜像滤波器 $F_{ai_m}(\mathrm{e}^{j\omega})$ 消除，已经满足式（2-19）中杂散误差的PR条件；第四章的研究解决了子带拼合时交叠带相位误差引入的额外频响误差。本章主要围绕式（2-18）中BI-DAQ系统的传递函数的PR条件展开研究。

式（2-18）中的PR条件可以拆分成两个部分，即幅度PR条件（通常$C=1$）：

$$|T(\mathrm{e}^{j\omega})| = C, \quad \omega \in \omega_B \tag{5-1}$$

以及相位PR条件：

$$\arg\{T(\mathrm{e}^{j\omega})\} = -\omega D, \quad \omega \in \omega_B \tag{5-2}$$

在实际的BI-DAQ系统中，电路的非理想特性、子带间时延不一致（由于混频器的原因，高频子带较第一子信号路径延迟长）等问题，导致直接拼合后的信号难以实现式（5-1）的幅频响应平坦度以及式（5-2）的线性相频响应的PR条件，因此需要设计相应的补偿滤波器。本章针对这两项PR的条件，从系统拼合后BI-DAQ系统的幅频和相频响应测量出发，利用分治法的思想，分别研究全通带幅频和相频响应的补偿方法，实现BI-DAQ系统输入信号的PR。

5.1 带宽交织采集系统中的通带幅频响应补偿技术

通带的幅频响应平坦度是 DAQ 系统的关键指标，对于诸如示波器一类的时域采集仪器，幅频响应的平坦度决定了带宽内不同频率信号的测量精度。幅频响应补偿的方法是在 BI-DAQ 系统子带拼合后级联一个具有线性相位的幅频响应补偿滤波器 $F_{\text{comp}}^{\text{mag}}(e^{j\omega})$，如图 5-1 所示。

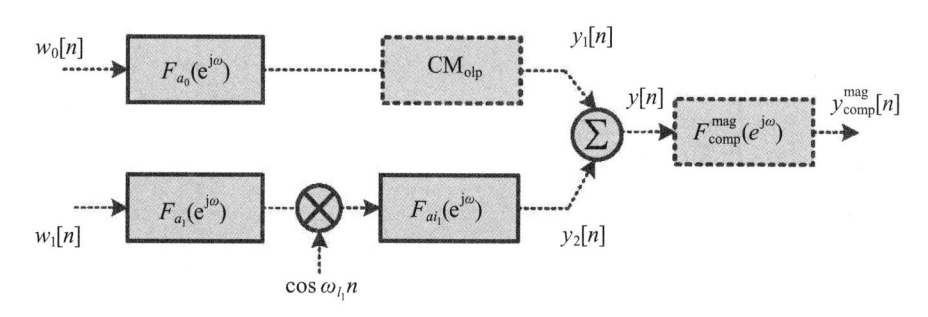

图 5-1 基于频域补偿滤波器的幅频响应补偿结构

图 5-1 中，$F_{a_m}(e^{j\omega})$ 及 $F_{ai_m}(e^{j\omega})$ 分别为根据 3.1.3 节中切比雪夫最佳逼近法设计的抗混叠及抗镜像滤波器，CM_{olp} 为根据 4.3 节中提出的算法设计的交叠带补偿结构。

图 5-1 中幅频响应补偿的原理是设计一个具有线性相频响应的 FIR 滤波器 $F_{\text{comp}}^{\text{mag}}(e^{j\omega})$，该 FIR 滤波器的幅频响应与系统的幅频响应 $|T(e^{j\omega})|$ 关于 0 dB 对称，如图 5-2 所示。基于图 5-1 所示的通带幅频响应补偿结构，本节将围绕通带幅频响应的测量及幅频响应补偿滤波器设计这两个问题展开研究，以实现 BI-DAQ 系统的幅频响应补偿。

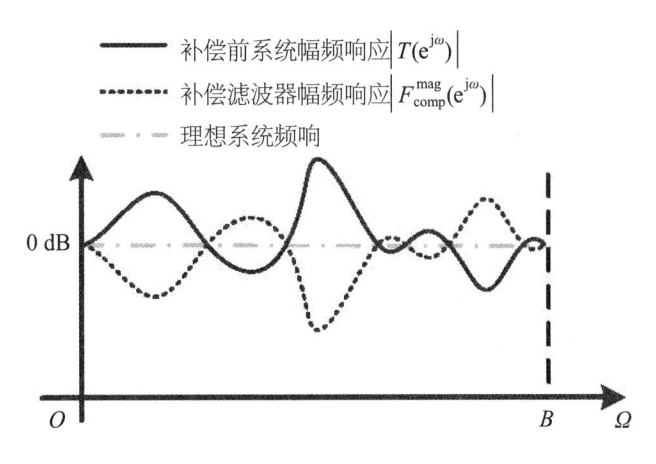

图 5-2 幅频响应补偿原理

5.1.1 通带幅频响应测量及频域补偿滤波器目标频响

系统幅频响应 $|T(e^{j\omega})|$ 的获取是幅频响应补偿的第一步，可以在 ω_B 等频率间隔的选取等幅度的正弦信号。利用正弦扫频法[95]配合 4.2.1 节中的三参数正弦拟合算法求得每个频点的信号幅频，记作 $M(\omega_m)$，$m = 0, 1, \cdots, M-1$，其中，$\omega_B = \Omega_B/T_s$ 为系统的带宽。选取第一个频点的信号幅度为参考幅度，则系统的通带幅频响应可以根据下式获得

$$|T(e^{j\omega_m})| = \frac{M(\omega_m)}{M(\omega_0)}, \quad \omega_m \in \omega_B \tag{5-3}$$

为了满足式（5-1）中的幅频响应 PR 条件，幅频响应补偿滤波器 $F_{comp}^{mag}(e^{j\omega})$ 通带的目标幅频响应为 $F_{goal}^{mag}(e^{j\omega_m}) = 1/|T(e^{j\omega_m})|$。

除了考虑补偿滤波器的通带频响，在设计通带幅频响应补偿滤波器时仍需要考虑该滤波器的过渡带以及阻带频响，确保通带外频响小于 0 dB。否则频响补偿滤波器在实现通带幅频响应补偿的同时，会增大系统的带外噪声，从而恶化系统的 SNR 指标。设 BI-DAQ 系统的通阻带频率分别为

ω_{pass} 以及 ω_{stop}，则补偿滤波器幅频目标幅频响应可以写作

$$F_{\text{comp}}^{\text{mag}}(e^{j\omega_m}) = \begin{cases} \dfrac{1}{\left|T(e^{j\omega_m})\right|} & \omega_m \in [0, \omega_{\text{pass}}] \\ \dfrac{1}{\left|T(e^{j\omega_m})\right|} - \dfrac{1}{N_{\text{trans}} \times \left|T(e^{j\omega_{\text{pass}}})\right|} & \omega_m \in (\omega_{\text{pass}}, \omega_{\text{stop}}) \\ 0 & \omega_m \in [\omega_{\text{stop}}, \pi] \end{cases} \quad (5\text{-}4)$$

式中，N_{trans} 为过渡带的频点数；阻带 $[\omega_{\text{stop}}, \pi]$ 频点数与通带的频点数保持一致。至此，通带的幅频响应补偿转换成设计具有式（5-4）所示频响的线性相位FIR滤波器。

5.1.2 基于Krylov子空间的频域补偿滤波器设计算法

设幅频响应补偿滤波器的系数长度为 N，则滤波器的频响可以表示为

$$F_{\text{comp}}^{\text{mag}}(e^{j\omega}) = \sum_{n=0}^{N-1} h_{\text{comp}}^{\text{mag}}(n) e^{-j\omega n} \quad (5\text{-}5)$$

式中，$h_{\text{comp}}^{\text{mag}}(n)$ 为幅频响应补偿滤波器的时域系数。根据线性相位FIR滤波器系数的对称特性[77]，幅频响应补偿滤波器的幅频响应 $\left|F_{\text{comp}}^{\text{mag}}(e^{j\omega})\right|$ 可以根据下式计算：

$$\left|F_{\text{comp}}^{\text{mag}}(e^{j\omega})\right| = \boldsymbol{C}^{\text{T}}(\omega) \times \boldsymbol{f} \quad (5\text{-}6)$$

式中，

$$\boldsymbol{f} = \begin{cases} \left[h_{\text{comp}}^{\text{mag}}((N-1)/2), 2h_{\text{comp}}^{\text{mag}}((N+1)/2), \cdots, 2h_{\text{comp}}^{\text{mag}}(N-1)\right]^{\text{T}} & (N\text{为奇数}) \\ 2\left[h_{\text{comp}}^{\text{mag}}(N/2), h_{\text{comp}}^{\text{mag}}(N/2+1), \cdots, h_{\text{comp}}^{\text{mag}}(N-1)\right]^{\text{T}} & (N\text{为偶数}) \end{cases} \quad (5\text{-}7)$$

$$\boldsymbol{C}(\omega) = \begin{cases} \left[1, \cos\omega, \cos(2\omega), \cdots, \cos((N-1)\omega/2)\right]^{\text{T}} & (N\text{为奇数}) \\ \left[\cos(\omega/2), \cos(\omega), \cdots, \cos((N-1)\omega/2)\right]^{\text{T}} & (N\text{为偶数}) \end{cases} \quad (5\text{-}8)$$

第五章

带宽交织采集架构的通带补偿算法

系统的频响可以表示为

$$\boldsymbol{F}_{\text{comp}}^{\text{mag}} = \left[\left[\left|F_{\text{comp}}^{\text{mag}}(e^{j\omega_0})\right|, \left|F_{\text{comp}}^{\text{mag}}(e^{j\omega_1})\right|, \cdots, \left|F_{\text{comp}}^{\text{mag}}(e^{j\omega_{L-1}})\right|\right]\right]^T = \boldsymbol{C}^T \times \boldsymbol{f} \quad (5\text{-}9)$$

式中，

$$\boldsymbol{C} = [\boldsymbol{C}(\omega_0), \boldsymbol{C}(\omega_1), \cdots, \boldsymbol{C}(\omega_{L-1})]^T \quad (5\text{-}10)$$

那么，幅频响应补偿滤波器可以写成以下的矩阵形式。

$$\boldsymbol{C}^T \times \boldsymbol{f} = \boldsymbol{F}_{\text{goal}} \quad (5\text{-}11)$$

式中，$\boldsymbol{F}_{\text{goal}} = \left[F_{\text{comp}}^{\text{mag}}(e^{j\omega_0}), F_{\text{comp}}^{\text{mag}}(e^{j\omega_1}), \cdots, F_{\text{comp}}^{\text{mag}}(e^{j\omega_{L-1}})\right]^T$。

至此，幅频响应补偿滤波器的设计问题转化成式（5-11）中的线性方程求解问题。通常，可以利用直接法或者迭代法对式（5-11）进行求解。直接法包括高斯消元或者矩阵分解（如LU分解、Cholesky分解）等方法，最直接的方法是利用最小二乘法（least square，LS）进行求解。

$$\boldsymbol{f} = \min_{\boldsymbol{f}} \left|\boldsymbol{C}^T \boldsymbol{f} - \boldsymbol{F}_{\text{goal}}\right|_2 = (\boldsymbol{C}\boldsymbol{C}^T)^{-1} \boldsymbol{C} \boldsymbol{F}_{\text{goal}} \quad (5\text{-}12)$$

由于直接法涉及矩阵求逆的过程，因此需要消耗大量的计算和存储器资源。而迭代法与直接法相比，不需要消耗大量的存储器资源，且具有较快的运算效率，因此受到了广泛的关注。在矩阵的诸多迭代算法中，基于空间投影的迭代算法是应用最为广泛的计算方法，而在这类算法中，Krylov子空间迭代算法是最为有效的方法之一[119]。

式（5-11）等号的两侧同时乘以矩阵 $\boldsymbol{C}$，得

$$\boldsymbol{A} \times \boldsymbol{f} = \boldsymbol{b} \quad (5\text{-}13)$$

式中，$\boldsymbol{A} = \boldsymbol{C} \times \boldsymbol{C}^T$；$\boldsymbol{b} = \boldsymbol{C} \times \boldsymbol{F}_{\text{goal}}$。Krylov子空间迭代算法通过寻找在仿射子空间（affine subspcae）（$\mathcal{K}_m(\boldsymbol{A}, \boldsymbol{r}_0) + \boldsymbol{f}_0$）内满足Petrov-Galerkin条件的解，$\boldsymbol{f}_0$ 表示迭代的初始向量，即

$$\boldsymbol{b} - \boldsymbol{A} \times \boldsymbol{f}_m \perp \mathcal{L}_m \quad (5\text{-}14)$$

式中，$\mathcal{L}_m$ 为 m 维的约束子空间。则Krylov子空间迭代算法的子空间可以表示为

$$\mathcal{K}_m(\boldsymbol{A}, \boldsymbol{r}_0) = \text{span}\{\boldsymbol{r}_0, \boldsymbol{A}\boldsymbol{r}_0, \boldsymbol{A}^2\boldsymbol{r}_0, \cdots, \boldsymbol{A}^{m-1}\boldsymbol{r}_0\} \quad (5\text{-}15)$$

式中，$r_0 = b - A \times f_0$。

式（5-14）中，不同$\mathcal{L}_m$的选取对应了不同的投影算法，当$\mathcal{L}_m = \mathcal{K}_m$时，称为正交投影算法，当$\mathcal{L}_m = \mathcal{K}_m$时，称为斜投影法。这些算法按照与Krylov子空间的正交性被分为：①基于Arnoldi过程的Krylov子空间迭代算法，包括完全正交化算法（full orthogonalization method，FOM）、共轭梯度下降（conjugate gradient，CG）算法等；②基于Lanczos过程的Krylov子空间迭代算法，包括极小残量算法（minimum residual，MINRES）、拟最小残量法（quasi-minimal residual，QMR）、双共轭梯度法（biconjugate gradient，BiCG）、共轭梯度平方法（conjugate gradient squared，CGS）以及稳定双共轭梯度算法（BiCG stabilized，BiCGStab）等。

定义标准化残差为

$$\varepsilon_{\text{norm}} = \frac{|b - Af_m|}{|b|} \tag{5-16}$$

则上述各种Krylov子空间迭代算法的收敛性能对比如图5-3所示，其中实验参数参考5.3.1节。

观察图5-3可以看出，BiCG及CGS在迭代的过程中出现了剧烈的震荡，MINRES具有最小的震荡，但是其收敛速度缓慢，出现了早熟的情况。QMR与BiCGStab在迭代的结果中具有良好的稳定度及较小的标准化残差值，而BiCGStab经过200次迭代的标准化残差值要优于QMR。

综合考虑算法的计算量、数值稳定性和收敛速度，本节以BiCGStab为例，阐述如何利用Krylov子空间迭代算法求解幅频响应补偿滤波器的系数。BiCGStab的提出是为了消除CGS可能出现的剧烈震荡现象[120~121]，它可以结合多网格方法（multigrid method）及预处理方法（preconditioning）使用，是目前解决该类问题最有效的方法之一。BiCGStab的第m次迭代残差表示为

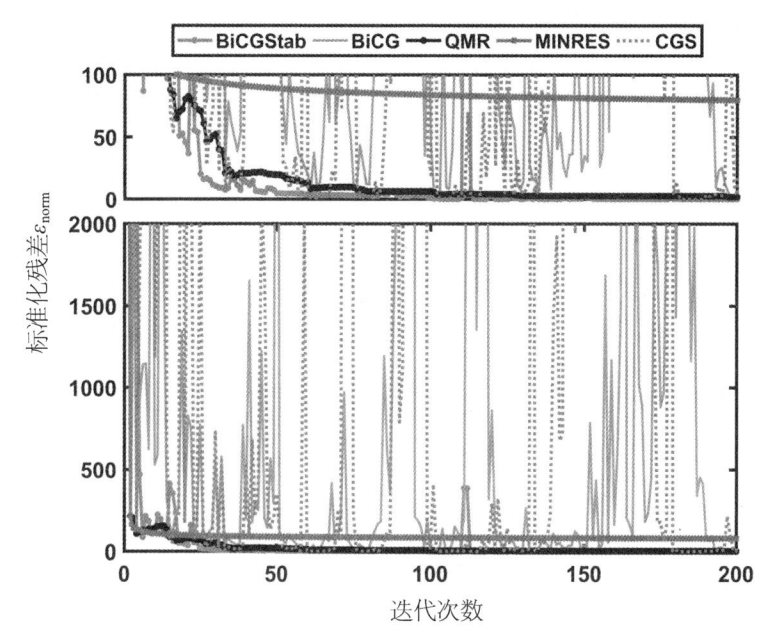

图5-3　Krylov子空间迭代算法的收敛性能对比

$$r_m = \psi_m(\boldsymbol{A})\varphi_m(\boldsymbol{A})r_0 \quad m=1,2,\cdots \tag{5-17}$$

式中，$\varphi_m(\boldsymbol{A})$为BiCG的残差多项式；$\psi_m(\boldsymbol{A})$为BiCGStab中特有的多项式，用于稳定及平滑BiCG的收敛过程。当$\psi_m(\boldsymbol{A})=\varphi_m(\boldsymbol{A})$时，BiCGStab退化为CGS，$\psi_m(\boldsymbol{A})$可由下式的迭代过程计算。

$$\psi_0(\boldsymbol{A})=I, \psi_m(\boldsymbol{A})=(1-w_m\boldsymbol{A})\psi_{m-1}(\boldsymbol{A}), \quad m=1,2,\cdots \tag{5-18}$$

式中，w_m为待定系数。残差由式（5-17）定义，迭代方向定义为

$$v_{m+1} = \psi_m(\boldsymbol{A})\phi_m(\boldsymbol{A})r_0 \quad m=1,2,\cdots \tag{5-19}$$

式（5-17）中的$\varphi_m(\boldsymbol{A})$及式（5-19）中的$\phi_m(\boldsymbol{A})$定义为

$$\begin{aligned}\varphi_m(\boldsymbol{A}) &= \varphi_{m-1}(\boldsymbol{A})-a_m\boldsymbol{A}\phi_{m-1}(\boldsymbol{A})\\ \phi_m(\boldsymbol{A}) &= \varphi_m(\boldsymbol{A})+\beta_m\phi_{m-1}(\boldsymbol{A})\end{aligned} \tag{5-20}$$

将式（5-20）带入式（5-17）、式（5-19），即可得到残差和迭代方向的迭代表达式为

$$\begin{aligned}r_{m-1} &= (\boldsymbol{I}-w_m\boldsymbol{A})(r_m-\alpha_m\boldsymbol{A}v_m)\\ v_{m+1} &= r_{m+1}+\beta_m(\boldsymbol{I}-w_m\boldsymbol{A})v_m\end{aligned} \tag{5-21}$$

式中，$v_1 = r_0$，标量 α_m 及 β_m 定义为

$$\alpha_m = \frac{\langle \boldsymbol{r}_{m-1}, \hat{\boldsymbol{r}}_0 \rangle}{\langle \boldsymbol{A}\boldsymbol{v}_m, \hat{\boldsymbol{r}}_0 \rangle}, \quad \beta_m = \frac{\alpha_m}{w_m} \frac{\langle \boldsymbol{r}_m, \hat{\boldsymbol{r}}_0 \rangle}{\langle \boldsymbol{r}_{m-1}, \hat{\boldsymbol{r}}_0 \rangle} \tag{5-22}$$

式中，$\hat{\boldsymbol{r}}_0$ 为满足 $\langle \boldsymbol{r}_0, \hat{\boldsymbol{r}}_0 \rangle \neq \boldsymbol{0}$ 的任意向量，通常选择 $\hat{\boldsymbol{r}}_0 = \boldsymbol{r}_0$。进而考虑迭代向量 $\boldsymbol{f}_m$ 的更新公式，由式（5-21）可知：

$$\begin{aligned} \boldsymbol{b} - \boldsymbol{A}\boldsymbol{f}_m = \boldsymbol{r}_m &= (\boldsymbol{I} - w_m \boldsymbol{A})(\boldsymbol{r}_{m-1} - \alpha_m \boldsymbol{A}\boldsymbol{v}_m) \\ &= \boldsymbol{b} - \boldsymbol{A}\boldsymbol{f}_{m-1} - \alpha_m \boldsymbol{A}\boldsymbol{v}_m - w_m \boldsymbol{A}(\boldsymbol{r}_{m-1} - \alpha_m \boldsymbol{A}\boldsymbol{v}_m) \end{aligned} \tag{5-23}$$

因此

$$\boldsymbol{f}_m = \boldsymbol{f}_{m-1} + \alpha_m \boldsymbol{v}_m + w_m (\boldsymbol{r}_{m-1} - \alpha_m \boldsymbol{A}\boldsymbol{v}_m) \tag{5-24}$$

w_m 的选取则根据最小化范数 $\|\boldsymbol{r}_m\|_2$ 得到，即

$$w_m = \underset{w}{\arg\min} \|(\boldsymbol{I} - w\boldsymbol{A})(\boldsymbol{r}_{m-1} - \alpha_m \boldsymbol{A}\boldsymbol{v}_m)\|_2 \tag{5-25}$$

则

$$w_m = \frac{\langle \boldsymbol{q}_m, \boldsymbol{A}\boldsymbol{q}_0 \rangle}{\langle \boldsymbol{A}\boldsymbol{q}_m, \boldsymbol{A}\boldsymbol{q}_m \rangle} \tag{5-26}$$

式中，

$$\boldsymbol{q}_m = \boldsymbol{r}_{m-1} - \alpha_m \boldsymbol{A}\boldsymbol{v}_m \tag{5-27}$$

为了在迭代过程中获得更好的算法性能和稳健性，Krylov 子空间迭代算法可以引入预处理矩阵对矩阵 $\boldsymbol{A}$ 进行预处理，使得方程组更易求解。以 Gauss-Seidel 预处理为例，定义矩阵：

$$\boldsymbol{M}_{\mathrm{GS}} = \boldsymbol{D} + \boldsymbol{E} \tag{5-28}$$

式中，$\boldsymbol{D}$、$\boldsymbol{E}$ 分别为矩阵 $\boldsymbol{A}$ 的对角阵及下三角矩阵。则式（5-13）转换为

$$\boldsymbol{P} \times \boldsymbol{x} = \boldsymbol{b} \tag{5-29}$$

式中，$\boldsymbol{P} = \boldsymbol{A} \times \boldsymbol{M}_{\mathrm{GS}}^{-1}$。利用 BiCGStab 算法求解上式，得到 $\boldsymbol{x}$ 的最终解，可以根据下式计算出滤波器的系数 $\boldsymbol{f}$。

$$\boldsymbol{f} = \boldsymbol{M}_{\mathrm{GS}}^{-1} \boldsymbol{x} \tag{5-30}$$

5.2 带宽交织采集系统中的通带相频响应补偿技术

对于宽带采集系统而言，在采集宽带信号时，如果系统具有非线性的相位特征，则会破坏信号各个频率分量之间的相位关系，导致采集信号的失真。例如，双音信号 $x(t) = \cos 2\pi f_0 t + \cos 2\pi f_1 t$，经过系统引入的两个频点之间的非线性相位差为 $\Delta\phi$，设系统的延时为 $10\,T_s$，则经过不同 $\Delta\phi$ 的双音信号波形如图5-4所示。

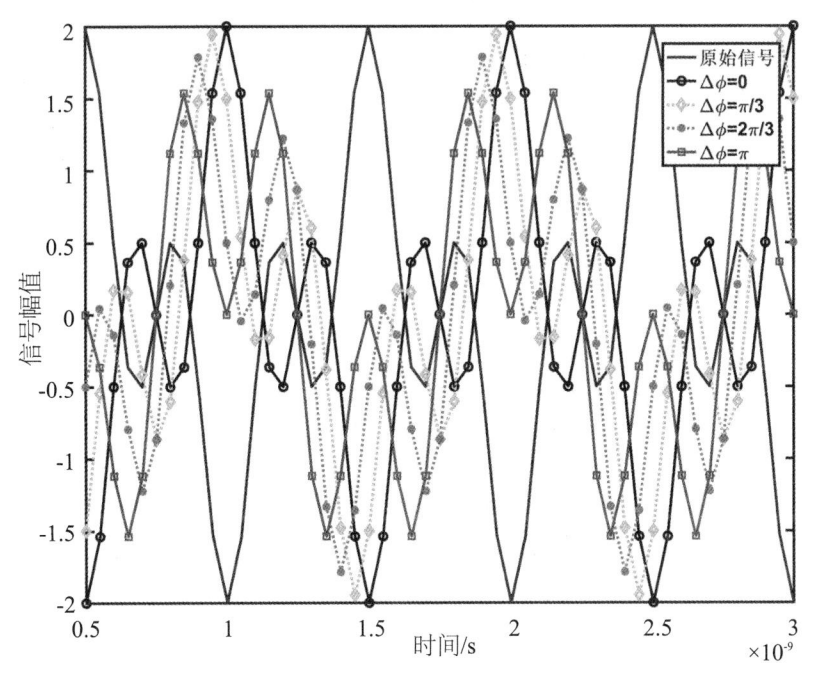

图5-4 相位失真对双音信号的影响

从图5-4可以发现，当 $\Delta\phi = 0$ 时，输出为 $x(t)$ 经过纯延时的信号；当 $\Delta\phi \neq 0$ 时，信号形状发生改变，波形发生了失真的现象。因此，在完成式（5-1）的幅频响应补偿后，仍需要设计滤波器对系统通带的相频响应特性进行校正，以达到式（5-2）的相位PR条件。

由于系统已经完成了幅频响应的校正，设计相频响应滤波器时不能破坏已校正好的幅频响应，因此这里仍然选用全通滤波器用于全通带的相频响应补偿。基于此，本节将围绕通带相频响应测量及基于全通滤波器的相频补偿技术展开研究。

5.2.1 基于广谱信号的通带相频响应测量技术

不同于4.2节中交叠带相位差测量方法，通带相频响应关注的是各个频点之间的相位关系而非单个频点不同频带的相位关系，因此，正弦扫频法不再适用于通带相频响应的测量。需要选择一种具有广谱特性，即包含丰富频谱分量，且频率分量间相位关系确定的信号作为相频响应测量的激励信号。

快沿信号就是符合上述要求的一种典型广谱信号，其具有丰富的谐波分量。快沿信号的上升时间 T_{rise} 与信号带宽 BW_{signal} 的经验公式为[122]

$$T_{rise} \approx \frac{0.35}{BW_{signal}} \quad (5\text{-}31)$$

式中，BW_{signal} 的单位为Hz。即上升越快的快沿信号，其信号带宽越大，频谱分量越丰富。利用这一特性，可以利用快沿信号进行通带相频响应的测量。

为了测量BI-DAQ系统的通带相频响应，需要引入一个参考系统，将该参考系统采集的快沿信号用作参考信号，这里认为参考系统是具有线性相位的系统，可以使用高带宽的数字示波器或取样示波器，测试的框图如图5-5所示。

图5-5　基于快沿信号的相位测试框图

图 5-5 中，$y_{\text{REF}}[n]$ 及 $y_{\text{DUT}}[n]$ 分别为参考系统及 BI-DAQ 经过幅频校正的输出，分别对 $y_{\text{REF}}[n]$ 及 $y_{\text{DUT}}[n]$ 做 N 点的 DFT 运算，记作 $Y_{\text{REF}}(e^{j\omega})$ 及 $Y_{\text{DUT}}(e^{j\omega})$，相频分别为 $\phi_{y_{\text{ref}}}(\omega)$ 及 $\phi_{y_{\text{dut}}}(\omega)$。为了更好地测量待测系统与参考系统的差别，需要在进行 DFT 运算前将采集到的 $y_{\text{REF}}[n]$ 及 $y_{\text{DUT}}[n]$ 的快沿信号进行边沿的对齐操作，使得参考系统与 BI-DAQ 系统具有相同延时。与此同时，为了防止 DFT 运算中出现的频谱泄露情况，DFT 的点数 K 的选择满足 $K = C \times f_s / f_{\text{base}}$，$f_{\text{base}}$ 为快沿信号的基波频率，C 为正整数。

设参考系统的相频响应为 $\varphi_{\text{REF}}(\omega)$，待测量系统的相频响应为 $\varphi_{\text{DUT}}(\omega)$，输入快沿信号的相频为 $\phi_{x_{\text{fastedge}}}(\omega)$，则参考系统与待测系统输出信号的相频 $\phi_{y_{\text{ref}}}(\omega_k)$ 及 $\phi_{y_{\text{dut}}}(\omega_k)$ 可以表为

$$\begin{aligned}\phi_{y_{\text{ref}}}(\omega_k) &= \phi_{x_{\text{fastedge}}}(\omega_k) + \varphi_{\text{REF}}(\omega_k) \\ \phi_{y_{\text{dut}}}(\omega_k) &= \phi_{x_{\text{fastedge}}}(\omega_k) + \varphi_{\text{DUT}}(\omega_k)\end{aligned} \tag{5-32}$$

由于待测 BI-DAQ 系统与参考系统具有相同的时延，因此 BI-DAQ 系统的相频响应失真可以通过下式计算。

$$\hat{\varphi}_{\text{DUT}}(\omega_k) = \phi_{y_{\text{dut}}}(\omega_k) - \phi_{y_{\text{ref}}}(\omega_k) = \varphi_{\text{DUT}}(\omega_k) - \varphi_{\text{REF}}(\omega_k) \tag{5-33}$$

根据式（5-33），BI-DAQ 系统通带相频响应校正的目的在于消除各个频点之间的相位偏差，使得 BI-DAQ 系统的相频响应满足式（5-2）中的相位 PR 重构条件。因此，通带相频响应补偿滤波器的相频响应应该满足：

$$\phi_{\text{comp}}(\omega_k) = \hat{\varphi}_{\text{DUT}}(\omega_k) + \omega_k d \tag{5-34}$$

式中，d 为任意常数。

其群延时则可以根据下式计算：

$$\widehat{\text{GD}}_{\text{comp}}(\omega_k) = -\frac{\hat{\varphi}_{\text{DUT}}(\omega_{k+1}) - \hat{\varphi}_{\text{DUT}}(\omega_k)}{\omega_{k+1} - \omega_k} + d \tag{5-35}$$

为了提升相频响应估计的精度，可以通过多幅平均的方法降低信号噪声对相频响应测量的影响[123]。这种平均方式采集的多幅信号需要将采集系统设置相同的触发条件，对单个周期信号的重复采样并在数字后端进行平均操作。以 $y_{\text{REF}}[n]$ 信号为例，该过程的数学表达式为

$$\bar{y}_{\text{REF}}[n] = \frac{1}{N}\sum_{i=0}^{N} y^{i}_{\text{REF}}[n] \tag{5-36}$$

式中，$y^{i}_{\text{REF}}[n]$ 表示第 i 次采集的第 n 个采样点，N 为平均的次数。但该方法的实现会消耗大量的存储资源，进一步衍生出的滑动平均算法可以很好地解决多幅平均算法的资源消耗问题。滑动平均算法递归方法可以实现式（5-36）中平均过程的近似值求解，根据上一次计算出的平均结果和当前采集波形计算平均值，以 $y_{\text{REF}}[n]$ 信号为例，平均后信号的更新公式为

$$\bar{y}^{i}_{\text{REF}}[n] = \bar{y}^{i-1}_{\text{REF}}[n] + \frac{1}{N}\left\{y^{i}_{\text{REF}}[n] - \bar{y}^{i-1}_{\text{REF}}[n]\right\} \tag{5-37}$$

相较于式（5-36）的平均过程，式（5-37）具有更高的运算效率。

多幅平均算法的平均次数对 SNR 的提升如下式所示。

$$\text{SNR}_{\text{improve}} = 3.01 \times \log_2 N \tag{5-38}$$

5.2.2 基于全通滤波器极点分布图解法的通带相频响应补偿技术

与 4.3.2 节中采用的全通滤波器设计方法不同的是，通带相频响应由于子带间相频响应误差，子带滤波器的非线性相频响应等影响，相较于交叠带具有更大的误差。同时，由于 BI-DAQ 系统通带的带宽远远大于其交叠带的带宽，因此补偿滤波器往往具有更大的阶数，这无疑增加了滤波器设计的难度。在设计高阶全通滤波器的情况下，4.3.2 节中采用的 HPSOLM 算法受到 PSO 算法维度爆炸的限制，导致 HPSOLM 算法可能出现早熟的现象，因此不再适用于高阶全通滤波器的设计。而传统方法中基于复倒谱的全通滤波器设计方法需要已知整个 $[0,\pi]$ 内的群时延[124]，且有可能出现群时延剧烈震荡的现象。因此，本节提出了一种基于全通滤波器零极点分布图解法的通带相频响应补偿技术，基于全通滤波器的二阶节级联结构，先通过图解法调节每个二阶节零极点位置，获取粗略的相频响应补偿滤波器，再利用 4.3.2 节中的 LM 算法进行精细搜索，实现高阶全通滤波器的设计。

该方法既可以克服图解法逼近精度不足的缺点，又可以解决LM算法对迭代初始值敏感的问题。

根据式（4-20）中对二阶节的定义，可以计算出单个二阶节的群时延与其极点的关系为[77]

$$\tau_p(\omega) = \frac{1-A_p^2}{1+A_p^2-2A_p\cos(\omega-\theta_p)} + \frac{1-A_p^2}{1+A_p^2-2A_p\cos(\omega+\theta_p)} \quad (5-39)$$

其零极点分布与群时延的关系如图5-6所示。

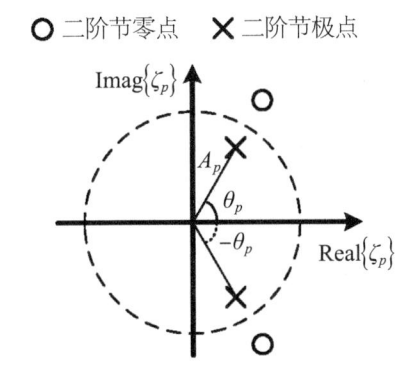

（a）共轭对称的一对零极点

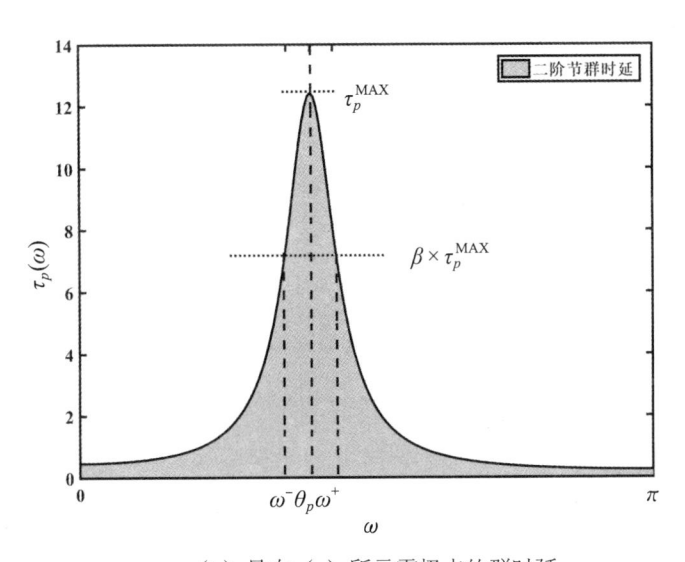

（b）具有（a）所示零极点的群时延

图5-6 二阶节零极点分布与群时延的关系

在图5-6（b）中，群时延在 $\omega=\theta_p$ 处取得最大值 τ_p^{MAX}，随着极点的位置接近单位圆，即极点模值增大，二阶节的群时延与极点模值的关系如图5-7所示。

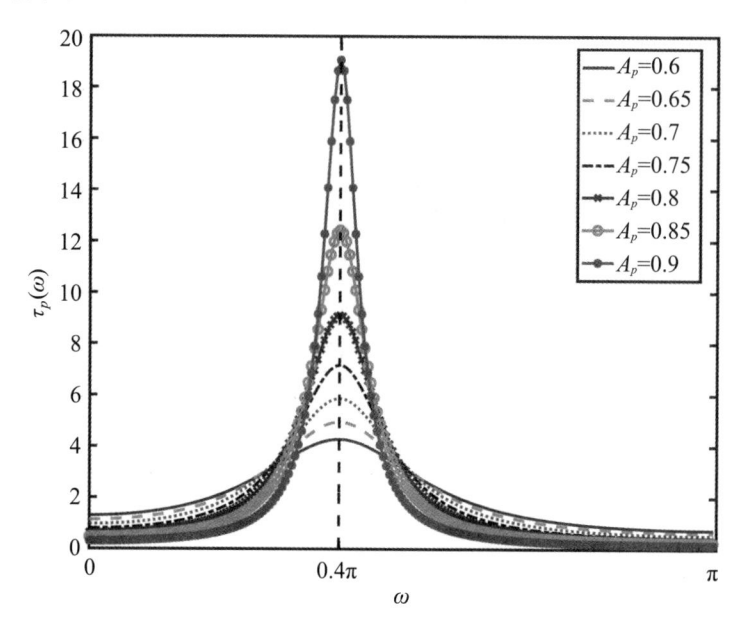

图5-7 二阶节的群时延与极点模值的关系

根据图5-7可以看出，不仅全通滤波器二阶节的群时延最大值会随着极点模长 A_p 的增大而增大，并且随着 A_p 的增大，群时延的曲线会越来越窄，更多地集中在 $\omega=\theta_p$ 处，群时延集中的同时也意味着更高的逼近精度。这是因为单个二阶节全通滤波器群时延在 $[0,\pi]$ 内的积分恒为

$$\int_0^\pi \tau_p(\omega)\mathrm{d}\omega = 2\pi \tag{5-40}$$

基于此，可以采用图解法来设计具有特定群时延的全通滤波器。

根据5.2.1小节的分析，通带相频响应补偿的设计目标是设计具有式（5-35）所示群时延的全通滤波器。为了确保目标群时延的因果性，目标群时延在 $[0,\pi]$ 内恒大于零，因此可以调节式（5-35）中的 d 值来确保目标群时的因果性。在此基础上，利用式（5-40）中群时延在 $[0,\pi]$ 内的积分

是 2π，以及二阶节级联的群时延等于各个二阶节群时延求和的特性，可以将目标群时延切割成 p 个面积为 2π 的区间，其中，p 为全通滤波器二阶节的个数，如图 5-8（a）所示。

在将目标群时延切割成 p 个 2π 区间后，每个二阶节的极点相角选择为每个 2π 区间的中心点，可以根据下式计算。

$$\theta_p = \frac{\omega_p^+ + \omega_p^-}{2} \tag{5-41}$$

式中，ω_p^+、ω_p^- 分别为第 p 个 2π 区间的左侧及右侧频带边缘，第一个区间的左侧边缘频率设置为 0。在图 5-6（b）中，极点的模长可以根据下式计算[125]。

$$A_p = \eta_p - \sqrt{\eta_p^2 - 1} \tag{5-42}$$

式中，

$$\eta_p = \frac{1 - \beta \cos \nabla_p}{1 - \beta}, \quad \nabla_p = \frac{\omega_p^+ - \omega_p^-}{2} \tag{5-43}$$

根据式（5-41）～式（5-43）可以看出，基于图解法的全通滤波器设计方法仅需要确定第 p 个 2π 区间的边缘频率 ω_p^+、ω_p^- 及群时延形状参数 β，$\beta \in (0,1)$。根据图 5-6（b），β 用于控制 2π 区间内群时延的陡峭程度以及相邻 2π 区间群时延的交叠程度。随着 β 的增大，群时延在区间内变化缓慢，此时单个二阶节对区间内的目标群时延具有较高的拟合精度，然而相邻 2π 区间的交叠变大，导致级联后的群时延出现波动。而当 β 较小时，单个二阶节的群时延在区间内变化陡峭，相邻区间交叠变小，但是拟合的准确度下降。根据经验，β 往往在 [0.75, 0.9] 之间取值。

除调节 β 值以获取更高的拟合精度外，还可以通过增加额外的延迟值 D_{extra} 获取更多的 2π 区间，即更多的二阶节级联个数，如图 5-8（b）所示。

(a) 目标群时延切割

(b) 增加延迟 D_{extra} 的群时延切割
（已获得更高的拟合精度）

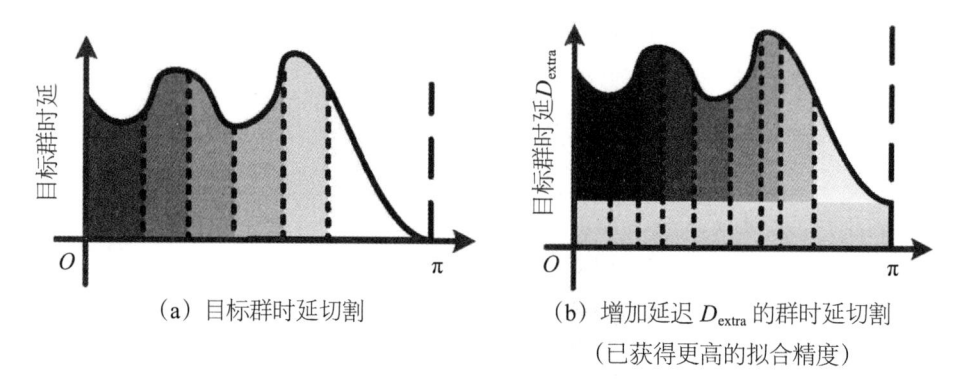

图5-8　被切割成若干个 2π 区间的目标群时延

基于图解法的全通滤波器设计方法，根据式（5-42）计算的单个二阶节的极点模长恒小于一，因此设计出的全通滤波器恒稳定。设图解法设计的二阶节全通滤波器极点为 $\xi=\{\xi_0,\xi_1,\cdots,\xi_{P-1}\}$，其中 $\xi_p=M_p\mathrm{e}^{\mathrm{j}\theta_p}$。

然而，基于图解法的全通滤波器设计算法为近似的设计算法，其拟合参数 β 的选择是关键，因此，该算法的精度往往较低[126,127]，需要进一步优化处理。借助4.4.2小节中提出的LM算法，将图解法设计的全通滤波器作为LM算法迭代的初始起点，利用LM算法对全通带相频响应补偿滤波器的系数进行进一步的优化迭代，将式（4-33）带入式（5-39）中，将单个二阶节的群时延表示为

$$\tau_p^x(\omega)=\frac{1-F(x_p)^2}{1+F(x_p)^2-2A_p\cos(\omega-\theta_p)}+\frac{1-F(x_p)^2}{1+F(x_p)^2-2F(x_p)\cos(\omega+\theta_p)} \quad (5\text{-}44)$$

此时，x_p 和 θ_p 取 $(-\infty,\infty)$ 期间的任意值，设计出的全通滤波器均为稳定的全通滤波器。

在使用LM算法时，可以通过设定式（4-41）合适的加权矩阵 W 以实现更高的对通带目标群时延拟合的精度，令

$$W=\begin{cases}W(\omega)=1 & \omega\in[0,\omega_{\text{B}}]\\W(\omega)=0 & \omega\in(\omega_{\text{B}},\pi]\end{cases} \quad (5\text{-}45)$$

5.3 实验结果与分析

基于本书第三、四章的实验基础，在图6-1所示的系统硬件中进一步验证本章中所提出的通带幅频与相频响应的补偿，完成BI-DAQ系统输入信号的完美重构。

5.3.1 通带幅频响应补偿实验结果分析与对比

利用宽带射频信号源SMB100A，产生100 MHz～10 GHz、频率间隔为100 MHz的等幅度正弦扫频信号输入BI-DAQ系统中，利用4.2.1小节中的三参数正弦拟合算法估计BI-DAQ系统的通带幅频响应，信号拟合长度选择为1000个采样点，测量结果如图5-9所示。

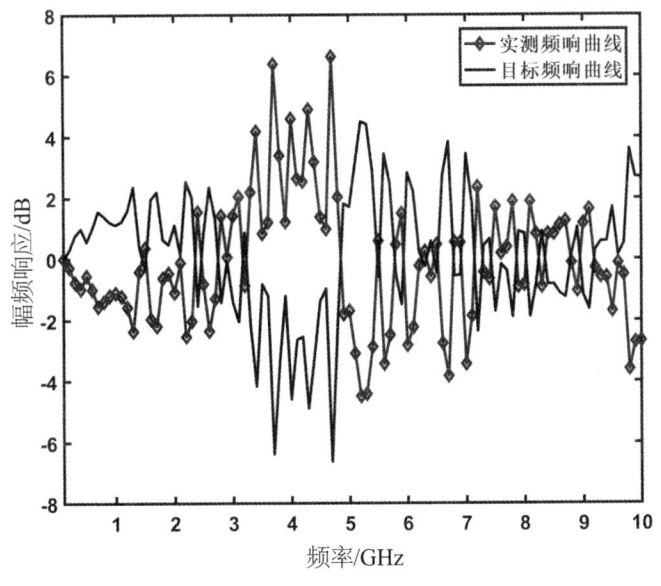

图5-9 利用三参数正弦拟合算法估计的通带幅频响应

从图 5-9 可以看出，虽然 4.4.4 小节中由交叠带相位差产生的拼合后幅频响应波动已经被补偿，但是系统通带的幅频响应仍有较大的波动。这是因为在 BI-DAQ 系统中，每个子带仍然具有较大的带宽，因此受宽带模拟器件频响的影响，仍有较大的幅频响应波动，从而影响整个系统的通带幅频响应平坦度。

在此基础上，设计实验对 5.1.2 小节中提出的频域补偿滤波器设计方法进行验证，图 5-9 中的目标频响即是频域补偿滤波器的目标频响。利用 BiC-GStab 算法设计具有线性相位的幅频响应补偿滤波器，其中，通带频率设置为 10 GHz，阻带频率设置为 15 GHz，过渡带的频点数 N_{trans} 设置为 10。则不同滤波器阶数与补偿后的通带幅频响应的关系如图 5-10 所示。从图中可以看出，随着幅频响应补偿滤波器阶数的逐渐增大，补偿后的幅频响应波动逐渐减少。当滤波器阶数设置为 50 阶时，补偿后的通带最大幅频响应波动为 6.455 dB；而当滤波器阶数为 400 阶时，补偿后的幅频响应波动仅为 0.027 dB。

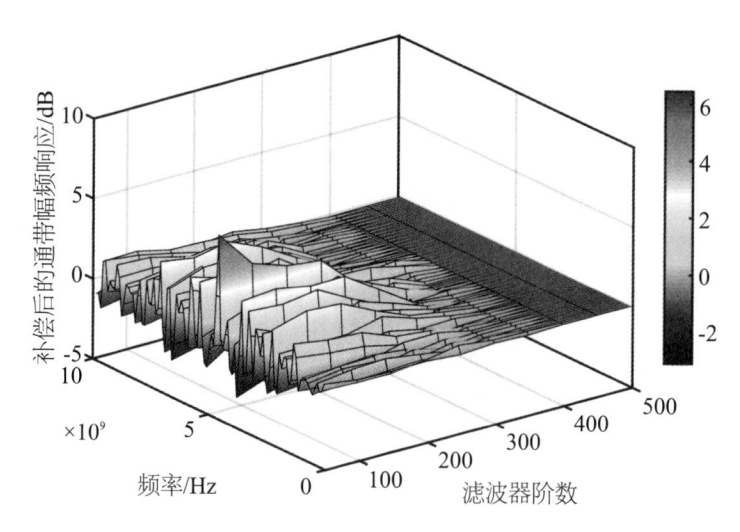

图 5-10 补偿后的通带幅频响应与滤波器阶数的关系

基于BiCGStab算法设计的频域补偿滤波器的阻带衰减如图5-11所示。从图中可以看出，由于增加了式（5-6）中阻带及过渡带的拟合目标，设计出的频域补偿滤波器的阻带衰减均大于0 dB，且随着滤波器阶数的增大，阻带的衰减也随之增大，这意味着BiCGStab算法设计的频域补偿滤波器在实现通带幅频响应补偿的同时，可以实现BI-DAQ系统的通带带外的衰减，降低系统的带外噪声，保证甚至提升BI-DAQ系统的SNR。

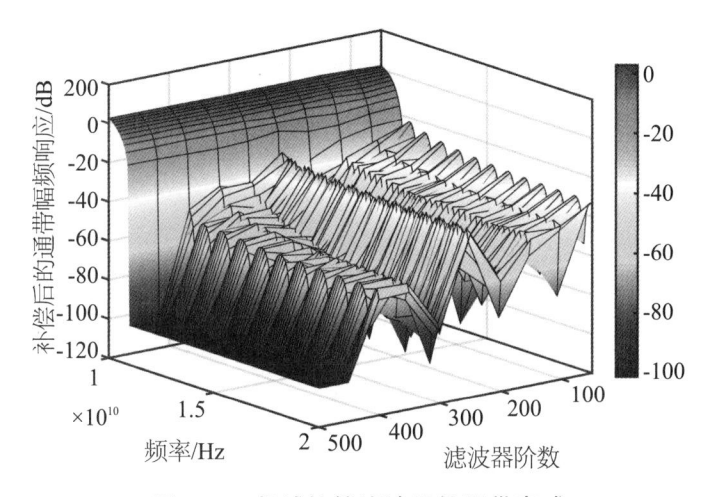

图5-11　频域补偿滤波器的阻带衰减

随着滤波器阶数的进一步增大，补偿后的幅频响应波动下降速度明显变缓，而此时滤波器的阶数带来的资源消耗远大于幅频补偿波动降低带来的增益。同时，过大的滤波器阶数可能会引起过拟合的情况，因此需要综合考虑滤波器实现的资源与幅频响应波动的精度，选择折中的方案。

为了更好地凸显算法的有效性，笔者利用传统的频域抽样法[76]设计出具有式（5-6）所示频响的线性相位FIR滤波器，BiCGStab与频域抽样法对比如图5-12所示。

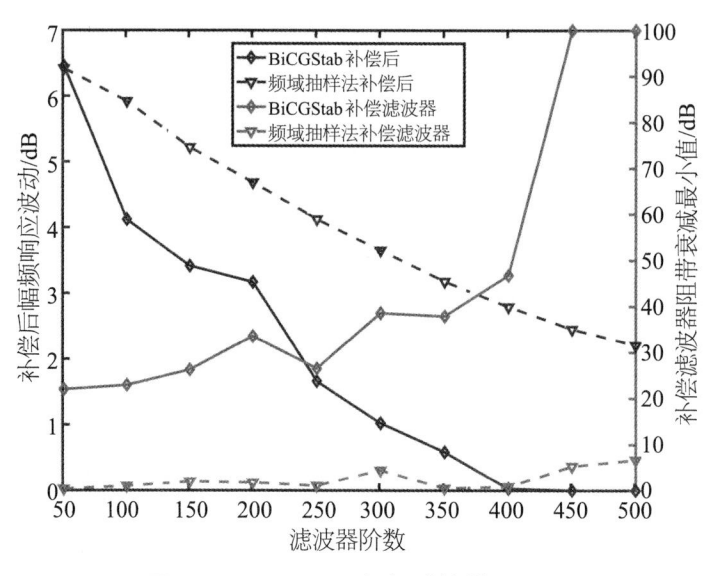

图 5-12 BiCGStab 与频域抽样法对比

从图 5-12 中可以看出，随着滤波器阶数的逐渐增大，频域抽样法补偿后的幅频响应波动值虽然也随之下降，但下降的速度与 BiCGStab 相比较为缓慢，补偿滤波器的阻带衰减的最小值也远大于 BiCGStab 设计的滤波器。因此，BiCGStab 设计的幅频响应补偿滤波器优于传统的频域抽样法设计的幅频响应补偿滤波器。

综上所述，选择 350 阶的线性相位 FIR 滤波器用于补偿系统的幅频响应波动，利用 BiCGStab 补偿的系统幅频响应可参考图 6-19 中示波器原理样机的幅频响应。

5.3.2 通带相频响应补偿实验结果分析与对比

根据本章的研究及分析，通带相频响应补偿的首要任务是获取系统的相频响应误差，基于图 6-1 的系统硬件，利用 5.2.1 节提出的相频响应算法对平台的相频响应误差进行测量。

本书选择具有9 ps的上升时间的快沿信号送入BI-DAQ系统中，根据式（5-31），该快沿信号的带宽为38.89 GHz，大于待测系统的带宽10 GHz，因此可以用作本系统通带相频响应的激励信号。选择DPO7××××（带宽>10 GHz）系列的数字实时示波器作为参考系统，根据5.2.1小节中提出估计算法对BI-DAQ系统的群时延误差进行测量，不同平均次数下测量结果如图5-13所示。

从图5-13可以看出，随着平均次数的逐渐增大，测量的群时延变化逐渐减小。这是因为随着平均次数的增多，系统SNR随之提升，如式（5-38）所示，噪声对群时延的影响逐渐降低，群时延误差的测量结果越接近真实值。

基于500次平均后获得的群时延曲线，进一步设计全通滤波器用于通带相频响应的补偿。为了对比，本书首先使用了传统的图解法来设计全通滤波器，基于该方法补偿后的群时延RMS误差与二阶节级联个数和形状控制参数β的补偿效果如图5-14所示。

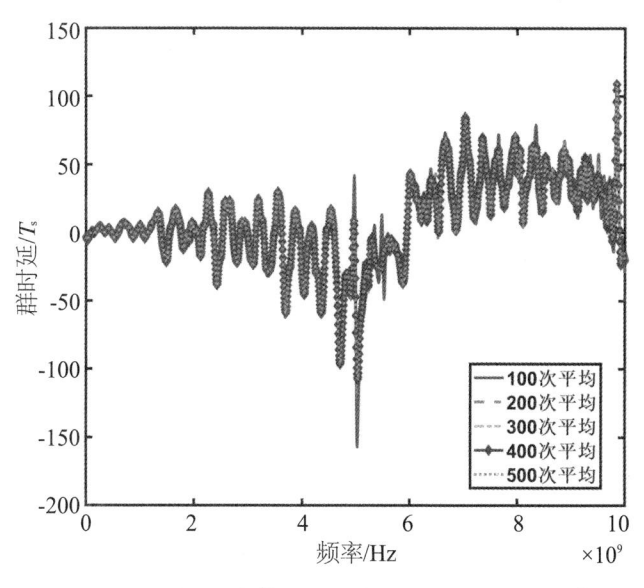

图5-13 不同平均次数下测得的BI-DAQ系统群时延误差

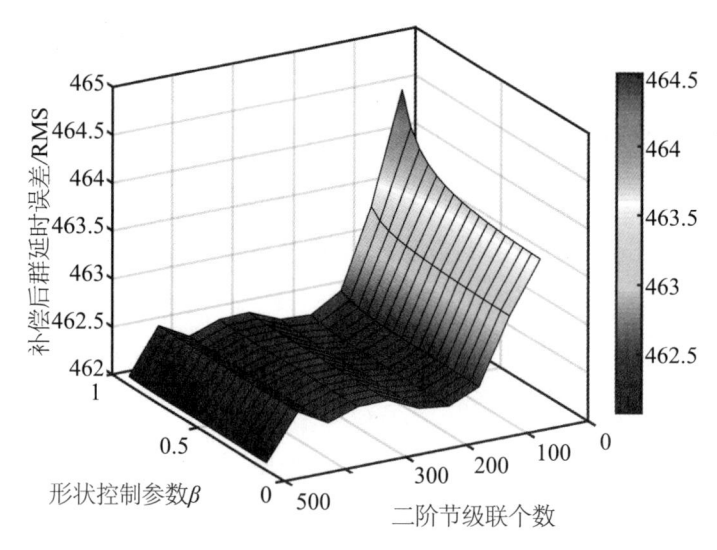

图 5-14　传统图解法在不同形状控制参数 β 及二阶节级联个数下设计全通滤波器的补偿效果

观察图 5-14 可以发现，形状参数及二阶节级联个数对补偿后群时延的 RMS 误差均有影响。当二阶节级联个数较少时，补偿后群时延的 RMS 误差随着二阶节级联个数的增加而降低；当二阶节级联个数超过 200 后，群时延误差会随着级联个数的增加而发生震荡。在此过程中，形状参数对系统的影响主要体现在 β 值较高（接近1）或者较低（接近0），在同样二阶节级联个数的情况下，误差会随之变大。因此，面对图 5-13 中变化较为剧烈的群时延曲线，传统的图解法设计精度较差，难以满足系统需求。

在此基础上，进一步采用本书提出的改进图解法，其中，LM 算法的迭代次数设置为 100 次，基于该方法补偿后的群时延 RMS 误差与二阶节级联个数和形状控制参数 β 的补偿效果如图 5-15 所示。

在图 5-15 中，尽管形状控制参数 β 值过大或过小仍会影响补偿的精度，但 LM 算法的引入极大地提升了补偿的效果。例如，在 300 个二阶节级联的情况下，传统图解法设计的补偿群时延误差的 RMS 值为 462.5 T_s，而改进后的算法的 RMS 值仅为 0.29 T_s，算法的精度提升明显。

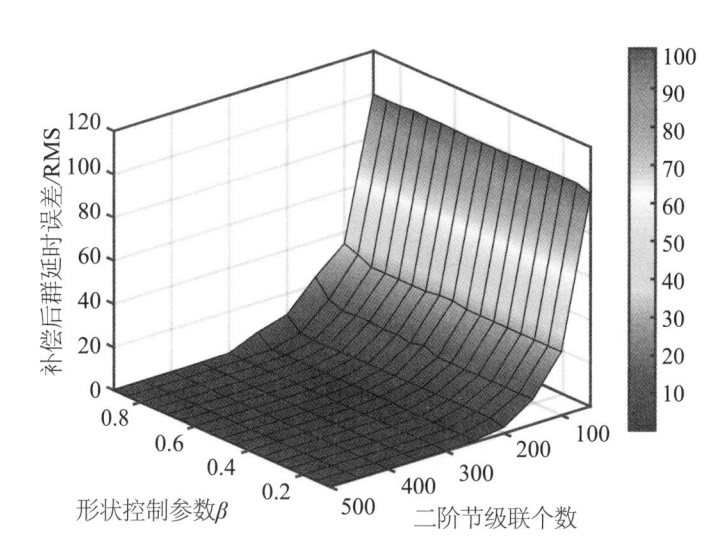

图5-15 改进的图解法在不同形状控制参数 β 及二阶节级联个数下设计全通滤波器的补偿效果

基于上述分析，本书利用改进的图解法设计全通滤波器对BI-DAQ系统的群时延误差进行补偿，设置级联的二阶节个数为250，β值设置为0.8，设计出的二阶节的极点分布情况如图5-16所示。

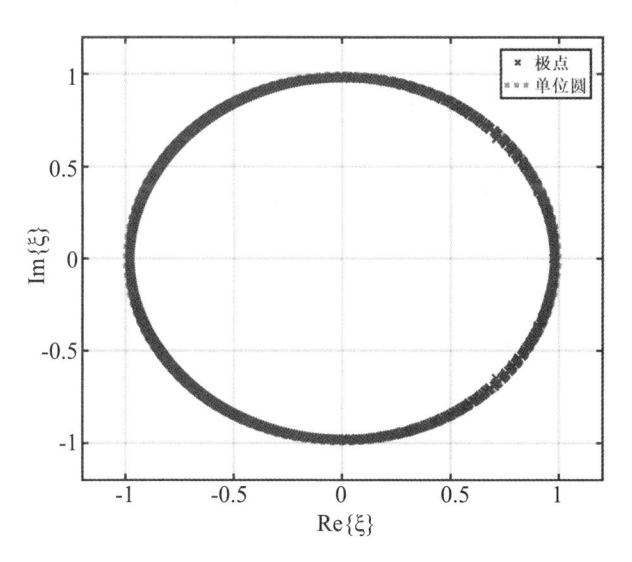

图5-16 改进的图解法设计全通滤波器的极点分布情况

从图 5-16 可以看出，改进图解法设计的全通滤波器的极点均位于单位圆内，满足了全通滤波器稳定的条件。为了验证算法的优越性，本书对比了改进后图解法、基于复倒谱法[124]以及本书第四章提出的基于 HPSOLM 算法设计的全通滤波器补偿后的群时延，如图 5-17 所示。

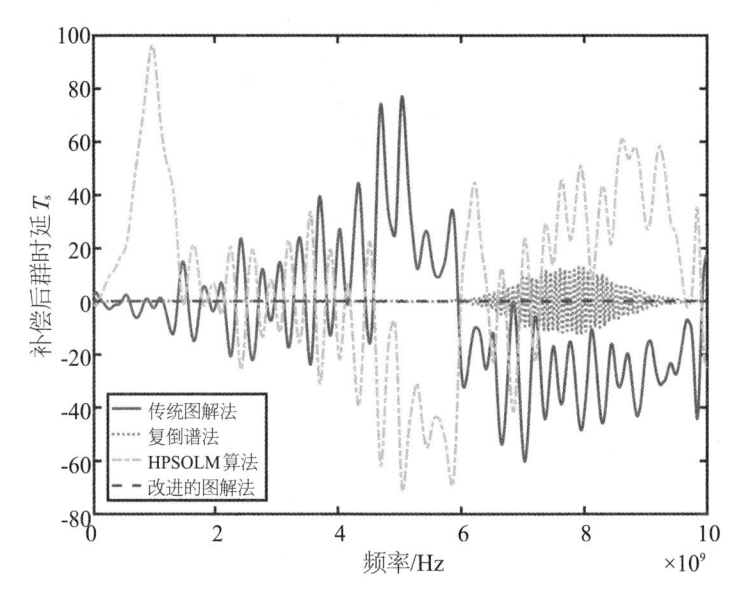

图 5-17　多种算法设计的全通滤波器补偿后的群时延对比

从图 5-17 中可以看出，在面对图 5-13 所示的剧烈波动的群时延时，HPSOLM 算法在同等二阶节级联个数的情况下，其算法精度在几种算法中最差。传统的图解法设计仅能拟合群时延的大致趋势，同样无法应对如此波动剧烈的群时延。复倒谱法可以很好地设计具有剧烈波动群时延的全通滤波器，但其在 6～10 GHz 频带内补偿后的群时延产生了更为剧烈的震荡现象，这也是该方法设计的缺陷。在上述算法中，本书提出的改进的图解法具有最高的拟合精度，其补偿后的群时延波动范围为 $-0.4\,T_s \sim 0.4\,T_s$。

5.4 本章小结

本章围绕 BI-DAQ 系统中通带幅频和相频响应的补偿展开了研究，利用分治法的思想将 BI-DAQ 系统的完美重构分为幅频及相频的完美重构，分别利用线性相位的 FIR 滤波器及全通滤波器进行补偿，简化了补偿滤波器的设计难度。针对通带幅频响应补偿，提出了一种基于 Krylov 子空间迭代算法的线性相位 FIR 滤波器设计方法，实验结果表明，基于 BiCGStab 的 Krylov 子空间迭代算法设计的 FIR 滤波器可以获得较传统频域抽样法更高的通带幅频补偿精度及阻带衰减值，可以在实现通带幅频响应补偿的同时抑制通带带外的噪声。

针对 BI-DAQ 系统的相频响应完美重构，首先提出了一种基于数据辅助的宽带相频响应测试方法，利用广谱信号的宽带特性，测量待测系统与参考系统之间的群时延差，实现宽带相频响应的测量。在此基础上，围绕相频响应补偿的全通滤波器设计，提出了一种基于图解法的全通滤波器设计方法，利用单个二阶节全通滤波器的群时延特性，通过图形积分的方式实现全通滤波器的设计，并进一步利用 LM 算法优化图解法设计的全通滤波器系数，实现相频补偿全通滤波器的设计。实验结果表明，本书提出的图像法可以解决传统图像法精度差的问题，进一步提升了图解法设计全通滤波器的精度。

BI-DAQ 系统经过通带幅频和相频补偿，完成了 BI-DAQ 系统全部补偿过程。至此，BI-DAQ 系统实现了输入信号的 PR。

第六章

带宽交织采样技术在超宽带数字示波器中的应用

超宽带数字示波器作为时域测试仪器的代表，是高速宽带数据采集系统的典型应用之一[128~129]，被广泛应用于国防科研的各个领域[8~10]。因此基于BI架构的超宽带数据采集系统在宽带数字示波器的应用具有重大的意义。本章基于笔者参与的相关项目进行原理化样机的设计及实现工作，对本书提出的相关算法进行了验证及实现，探索系统级的设计方案。

围绕原理样机的设计，本章首先介绍了项目设计的目标，并针对项目设计目标制定了系统的设计方案。其次基于该方案，本章研究了多ADC与多FPGA之间的采集存储同步问题，分析了多ADC与多FPGA不同步的原因及影响，并提出了相应的解决方案作为BI架构工程实现的重要补充。最后对原理化样机的采样率、带宽、ENOB、SFDR及瞬态信号响应等指标进行了测试。

6.1 超宽带示波器设计目标及方案

为了在现有ADC芯片的基础上提升数字示波器的采样率及带宽指标，

结合前面章节的研究，采用BI架构作为数字示波器采集系统的架构，选择多片采样率低带宽的ADC设计高带宽高采样率的采样系统，实现采样率与带宽的双重突破。

在基于BI架构采集系统研究的基础上，试制具有波形采集与分析、长时间存储及信号测量等一系列功能的数字示波器原理化样机，其核心指标如下：

- 最大实时采样率为40 GSa/s；
- 模拟带宽为10 GHz；
- 模拟输入通道数为1；
- 上升时间为40 ps；
- 垂直分辨率为8 bit。

基于BI架构的数字示波器采集系统硬件总体方案如图6-1所示，该方案可以划分为四大模块，分别为模拟信号调理与时钟模块、数据采集模块、数据处理模块以及控制与显示模块，整个系统的电路板根据不同模块进行分板设计，这样设计有助于整机的调试，下面将对每个模块进行具体的介绍。

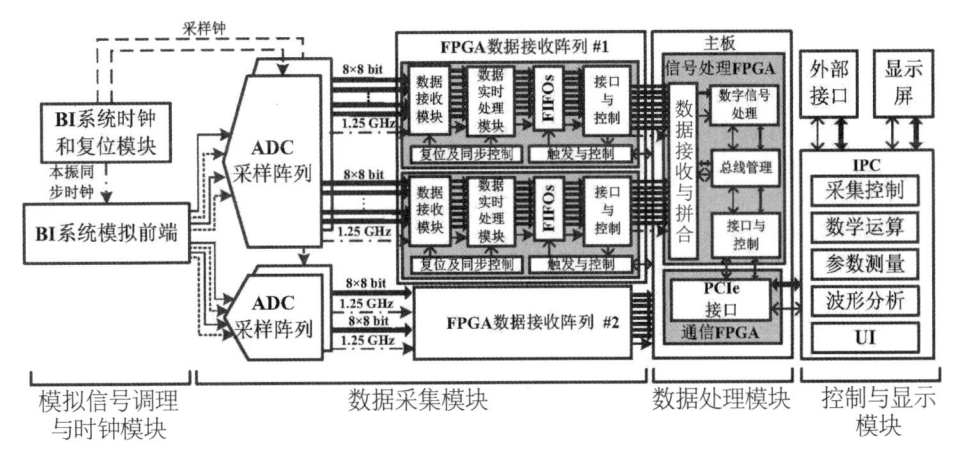

图6-1 基于BI架构的数字示波器采集系统硬件总体方案

（1）模拟信号调理与时钟模块。

模拟信号调理与时钟模块主要用于输入信号的调理，满足示波器的输入灵敏度，产生采集系统的采样时钟及 BI 架构中模拟本振信号。其中，系统模拟信号调理模块如图 6-2 所示。

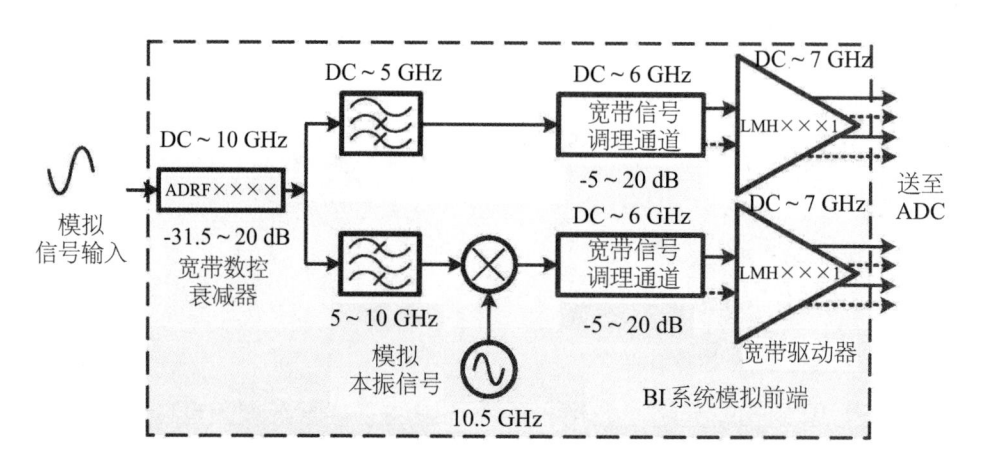

图 6-2　BI-DAQ 系统模拟信号调理模块

在图 6-2 中，信号首先经过一个带宽数控衰减器（ADRF××××），将输入的大幅度信号进行衰减操作以降低混频器 RF 端的信号幅度，再送入子带分解滤波器电路中进行子带分解。在子带分解过程中，子带分解滤波器的设计至关重要，它直接决定了分解后的信号是否可以在数字后端被完美重构。相邻频率子带间通带频率间隔较大会导致数字后端拼合后的频带出现频带断裂的情况；而子带间通带频率间隔较小甚至无间隔会导致子带间交叠带频率范围增大，从而增加交叠带校正的难度。因此，通常选择 −3～−6 dB 带宽作为子带间的频率交点进行子带分解滤波器的设计。子带分解滤波器阻带衰减决定了子带分解的带外抑制情况，从而影响系统的 SFDR 性能指标，对于 8 bit 的采集系统，50 dB 的衰减即可满足要求，随着采集系统量化位数的增加，子带分解滤波器的带外衰减值也应随之增加。本方案采用两子带的 BI 架构，其中，第一子带的频率范围为 DC～5 GHz，第二子带的频率范围为 5～10 GHz，第二子带的模拟本振选择为 10.5 GHz，高侧本振有利于更好地分离混频导致的镜像与中频分量。系统子带分解滤波器幅频响应如图6-3所示。

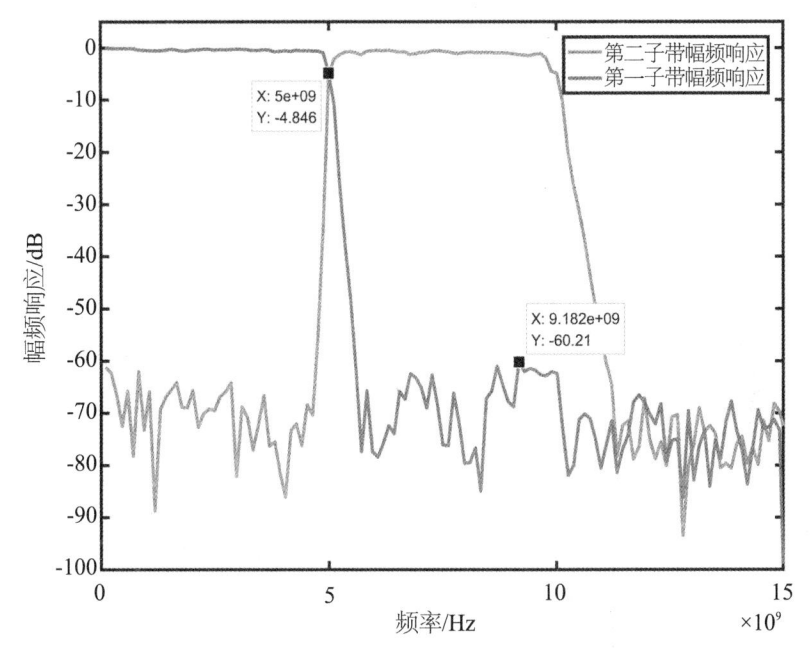

图6-3 系统子带分解滤波器幅频响应

从图6-3中可以看出，子带分解滤波器的阻带衰减均≥60 dB，具有良好的子带分解效果，相邻子带的幅频响应在5 GHz附近相交，相交处的幅频响应约为−5 dB。经过子带分解滤波器，第二子带（5～10 GHz）的信号经过模拟混频器，被10.5 GHz的模拟本振信号混频至0.5～5.5 GHz并送入宽带信号调理通道进行信号调理。

宽带信号调理通道用于调节输入信号的幅度及偏置，配合前级的宽带数控衰减器使得输入信号满足后端ADC芯片的模拟量程。本方案采用的宽带信号调理通道具有6 GHz的带宽，因此可以充当第二子带混频后的抗镜像（15.5～20.5 GHz）滤波器使用，其具有−5～20 dB的增益/衰减调节能力。采用的ADC为苏州迅芯微电子的AAD08S010G[68]，模拟输入峰的峰值为400 mVpp（−4 dBm），示波器的输入灵敏度范围为5 mV/div～1 V/div，对应的最大输入峰峰值为 50 mVpp（−22 dBm）及 10 Vpp（+24 dBm）。因此前级信号调理通道的动态调节范围应该满足区间−28～18 dB，而图 6-2 中宽带衰减器及宽带信号调理电路的动态调节范围为−36.5～20 dB，满足系统设计需要。

经过信号调理通道的模拟信号，通过由 LMH×××1 组成的宽带驱动电路进行单端转差分运算并送入数据采集模块中的 ADC 采样阵列进行采样及量化操作。

时钟模块同样是采集系统设计的重点。与 DS 架构的采集系统相比，为了确保模拟与数字本振信号之间的同步，BI 结构的时钟设计还需要额外考虑采样时钟与模拟本振的同源处理。综合考虑，本采样系统的数字示波器时钟方案如图 6-4 所示。

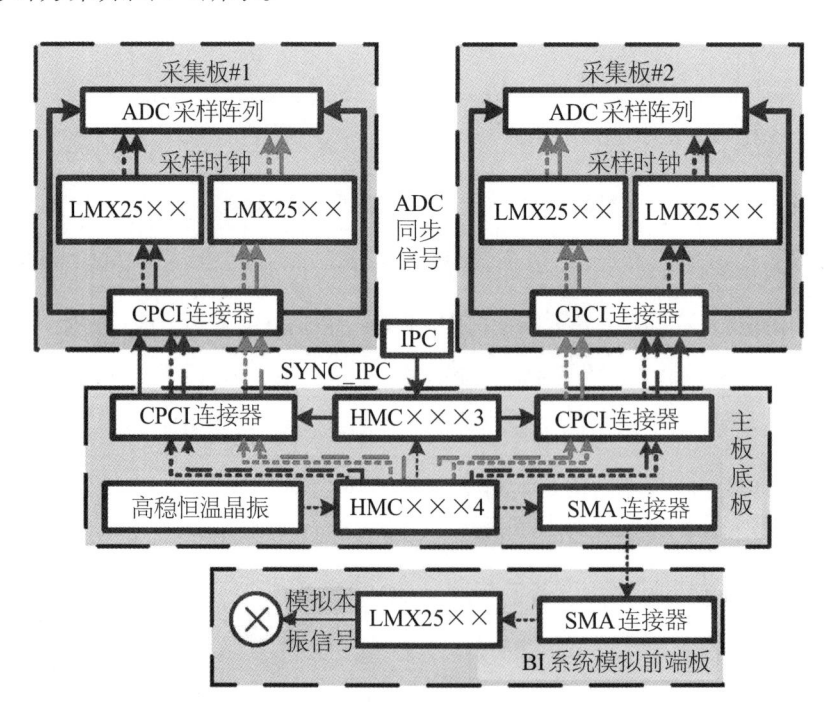

图 6-4 基于 BI 架构的数字示波器时钟方案

如图6-4所示，方案的时钟模块主要负责产生采样时钟、ADC同步信号及模拟本振信号，整个时钟模块的基准时钟来自高稳恒温晶振，高稳恒温晶振是目前频率稳定度和精确度最高的晶体振荡器[130]。基准信号通过锁相环HMC×××4（抖动典型值为44 fs）分成4对100 MHz的差分时钟及2路100 MHz的单端时钟，其中，4对差分信号线通过CPCI连接器送至采集板的锁相环LMX25×（抖动典型值为45 fs）并产生ADC的采样时钟（5 GHz）。在本方案中，单个频率子带需要20 GSa/s的采样率，而单片ADC的采样率仅有10 GSa/s，因此单个采样阵列包含两片ADC，通过TI-ADC采样的方式拼合成20 GSa/s的采样率，采样阵列中两片ADC的采样时钟相位通过HMC×××4调节，调节步进为25 ps。两路单端信号中，一路信号送入多路时钟扇出芯片HMC×××3中，用于将IPC发送的同步信号SYNC_IPC同步至采样钟的同步时钟域，用于ADC的同步复位；另外一路单端100 MHz信号通过SMA连接器送至BI-DAQ系统的模拟前端板，经过LMX25××芯片产生第二子带模拟下变频过程中的模拟本振信号。由于方案中所有的信号均来源于同一时钟源，即高稳恒温晶振，因此该方案实现了模拟本振与采样钟信号的同源处理。

（2）数据采集模块。

数据采集模块是数字示波器的核心模块，由ADC和FPGA芯片（XC7K×××T）组成，ADC将模拟信号量化后，输出8路×8 bit×1.25 Gb/s的数据流，伴随着一路1.25 GHz的数据同步时钟。采样后的数据送入FPGA中，利用FPGA中的数据接收模块对数据进行差分转单端及降速处理，降成32路×8 bit×312.5 Mb/s的数据流并送入数据实时处理模块进行示波器的高分辨率平均、峰值检测等运算，经过运算的采样数据再送进先入先出存储器（first in first out，FIFO）进行存储。在存储的过程中，通过触发与控制模块实现示波器的触发等功能，并最终通过接口与控制模块将FIFO中存储的采样数据送至后端的数据处理模块[131]。数据采集模块的重点和难点在于高速ADC数据的接收及多ADC、多FPGA之间的同步问题，即复位及同步控制模块的设计，在后续的章节中将进一步展开研究。

（3）数据处理模块。

数据处理模块主要由信号处理FPGA（XC7K×××T）和通信FPGA（XC7K×××T）组成。其中，信号处理FPGA主要用于接收多个FPGA阵列的采样数据并进行拼合处理，拼合后的数据通过数字信号处理模块，实现TIADC校正、BI-DAQ系统中的各种信号处理及校正，该模块是实现本书提出的各种信号处理算法（数字上变频，数字抗混叠/抗镜像滤波器，交叠带相频响应校正模块，通带幅频/相频响应补偿滤波器等）的核心模块。通信FPGA主要负责与后端IPC之间通过PCIe（peripheral component interface express）总线进行通信。

（4）控制与显示模块。

系统的控制与显示模块，主要由IPC、显示屏及外部接口组成。其中，IPC主要用于系统采集控制（FPGA寄存器指令发送等）、示波器数学运算等高级功能、参数测量波形分析以及用户交互（user interface, UI）等功能的实现。平台基于Windows操作系统，从可移植性及开发效率出发，采用基于C/S架构的桌面窗体应用程序方式进行程序设计，并选择面向对象的C#作为编程语言，利用基于.Net架构的集成开发环境Visual Studio 2019进行软件的开发工作。

根据硬件设计的总体方案，搭建了如图6-5所示的基于BI-DAQ的硬件实验平台，并组装成如图6-6所示的数字示波器原理样机，在该平台的基础上展开本书所研究的带宽交织采样架构中的子带恢复技术、频率交叠带校正技术、通带补偿算法的方案验证及工程实现等任务。

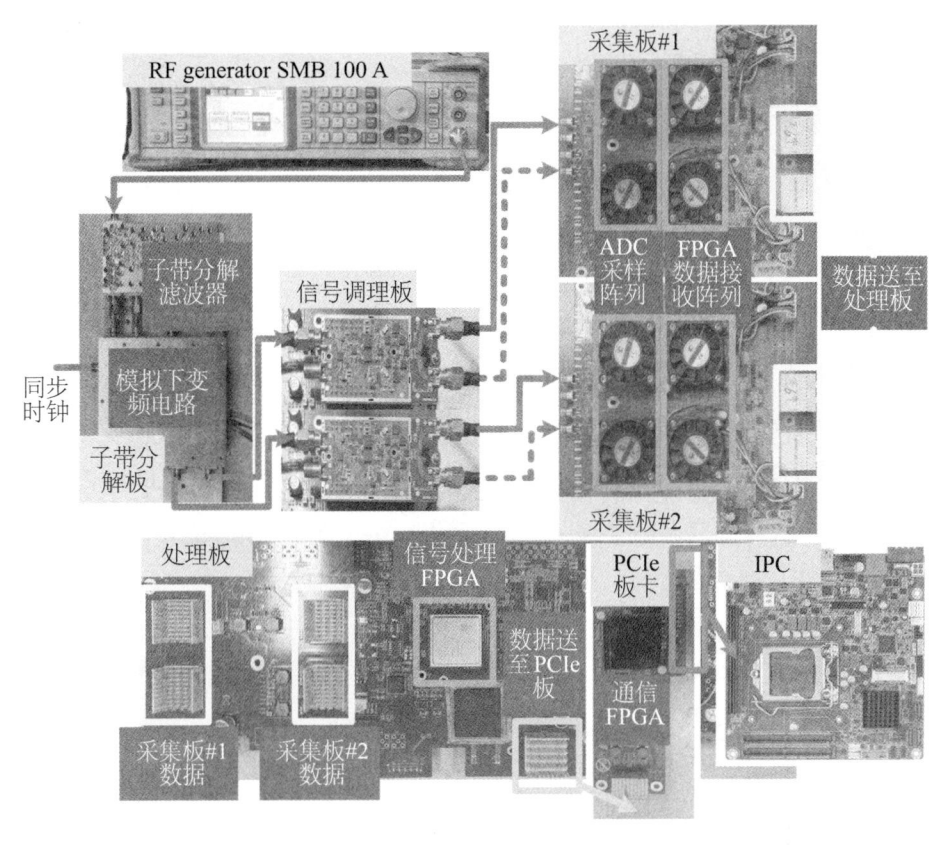

图6-5 基于BI-DAQ的硬件实验平台

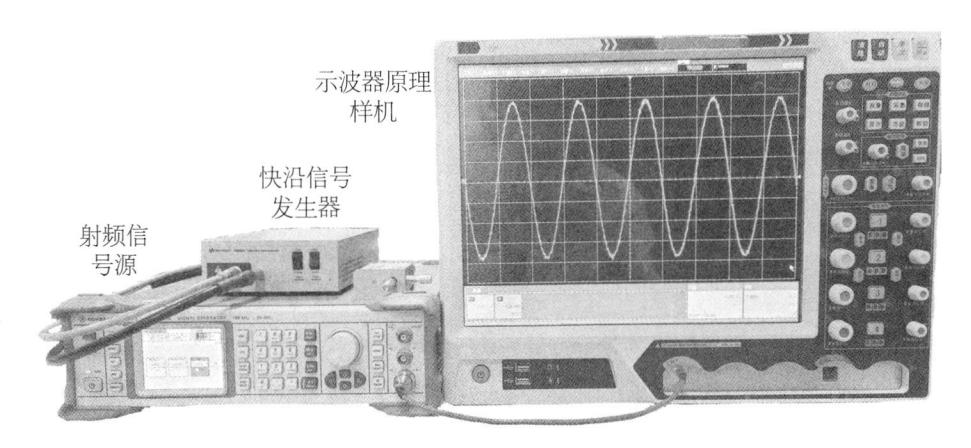

图6-6 数字示波器原理样机

6.2 基于多ADC与多FPGA架构的采集存储同步技术

并行采集架构提升了系统的带宽及采样率指标，面对成倍提升的采样率及信号带宽，需要将多片ADC的采样数据分散至多片FPGA中进行采样数据的接收存储和处理，如图6-1所示。在此基础上，一方面高速ADC数据的同步接收成了系统实现的难点，另一方面并行数据多片ADC与多片FPGA之间的存储同步也是关键。一个数据点的偏差会导致信号拼合的错位，从而影响整个系统的完美重构，因此，采集与存储的同步技术成了整个BI-DAQ系统平台实现的重要前提。

6.2.1 多ADC与多FPGA同步数学模型

首先，根据图6-1，笔者分析了可能导致多ADC与多FPGA不同步的原因，并行采集架构的同步模型如图6-7所示。

在图6-7所示的并行架构中，影响同步的原因主要包括ADC复位信号（$SYNC_i$）、数据接收模块复位（RST_i）及存储器写使能（Wen_i），其中，$i=1\sim4$，下面将分别对这几项因素进行研究。

（1）ADC复位信号对ADC同步采集的影响。

图6-8展示了两路ADC同步复位的示意图，当SYNC信号有效后，ADC内部经过两级固定的延迟，将采样数据进行输出，输出的采样数据与SCLK的采样钟同步。在第一种情况下，ADC_2的复位信号$SYNC_2$在t_1时刻有效，此时两个复位信号之间的时间差$\Delta T_{SYNC} < T_{SCLK}$，ADC输出后两路ADC的数据顺序为$[N, N+1, N+2, \cdots]$，两片ADC的复位实现了同步。而在

第二种情况下，ADC_2 的复位信号 $SYNC_2$ 在 t_2 时刻有效，此时两个复位信号之间的时间差 $\Delta T_{SYNC} > T_{SCLK}$，ADC 输出后两路 ADC 的数据顺序为 $[N, N+3, N+2, \cdots]$，ADC 数据拼合发生了错位的现象，ADC 复位不同步。因此，多片 ADC 复位信号的时间差会引起 N_{SYNC} 个采样点的错位。

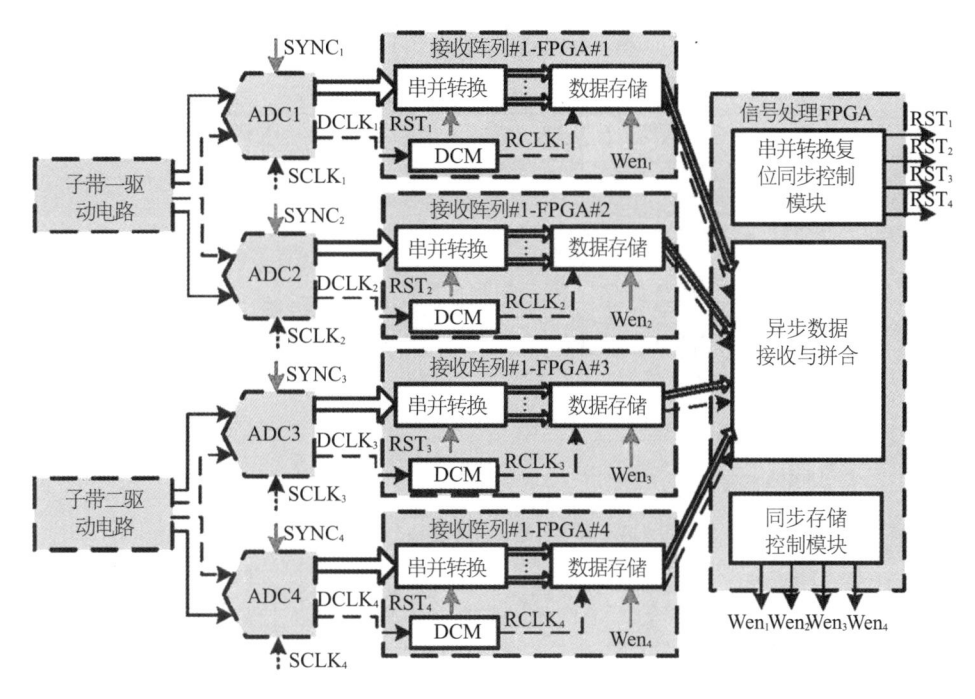

图 6-7　基于 BI 架构的多 ADC 与多 FPGA 同步模型

$$N_{SYNC} = \left\lfloor \frac{\Delta T_{SYNC}}{T_{SCLK}} \right\rfloor \tag{6-1}$$

式中，$\lfloor \cdot \rfloor$ 为向下取整符号。除此之外，由于芯片电路设计以及工艺的限制，SCLK 的上升沿附近存在一个亚稳态区间 R_{NOK}，SYNC 信号在该区间内不能出现电平的变化，否则会导致 ADC 复位失败，ADC 输出数据产生毛刺等现象。因此在对 ADC 发送复位信号时，需要避开 SCLK 的亚稳态区间 R_{NOK}。

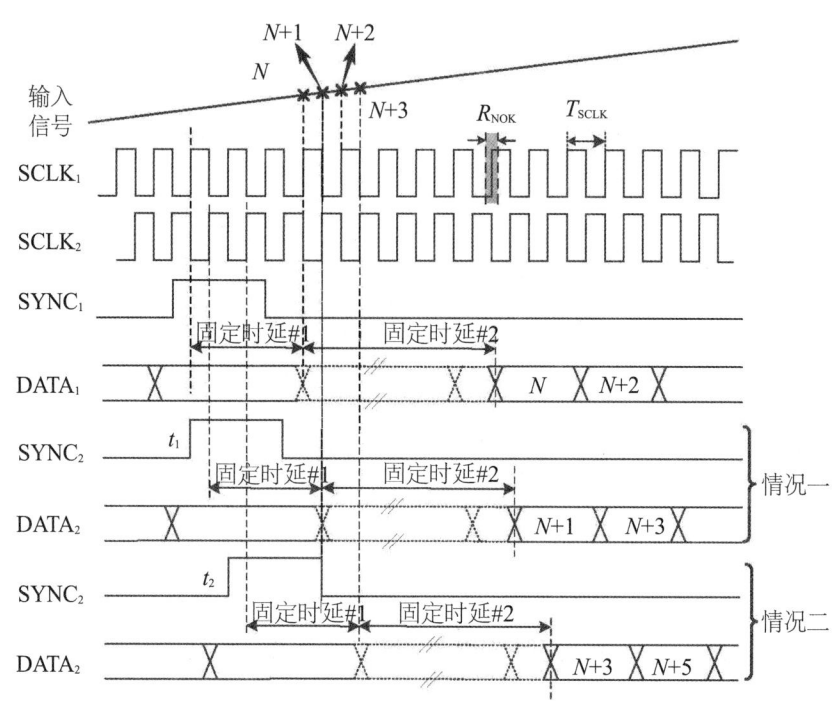

图6-8 两路ADC同步复位示意图

（2）数据接收模块复位对数据接收同步的影响。

由于ADC高速采样数据流与FPGA运行时钟不匹配，因此在ADC数据接收的过程中，需要将高速的ADC串行数据流进行串并转换，从而降低ADC量化数据的速率。在此过程中，串并转换模块的复位时序会对多片ADC之间的数据接收同步产生影响。

图6-9展示了两路ADC时间交替采样在FPGA中的串并转换过程。ADC_1和ADC_2的数据已经完成了ADC的同步复位，在此基础上，数据接收模块在复位信号RST_i有效后的第一个DCLK上升沿输出降速后的数据。情况一，两片FPGA中对应的RST_i信号，在同一个DCLK时钟上升沿之前到来，两片FPGA经过复位在同一个DCLK的上升沿开始输出数据，输出后的数据顺序为$[9,10,11,12,\cdots]$，实现了两片FPGA数据的同步接收；情况二，两片FPGA的数据接收复位信号分别在不同的DCLK上升时刻响应，

此时拼合后的数据顺序为 $[9,18,11,20,\cdots]$，数据发生错位，同步失败。

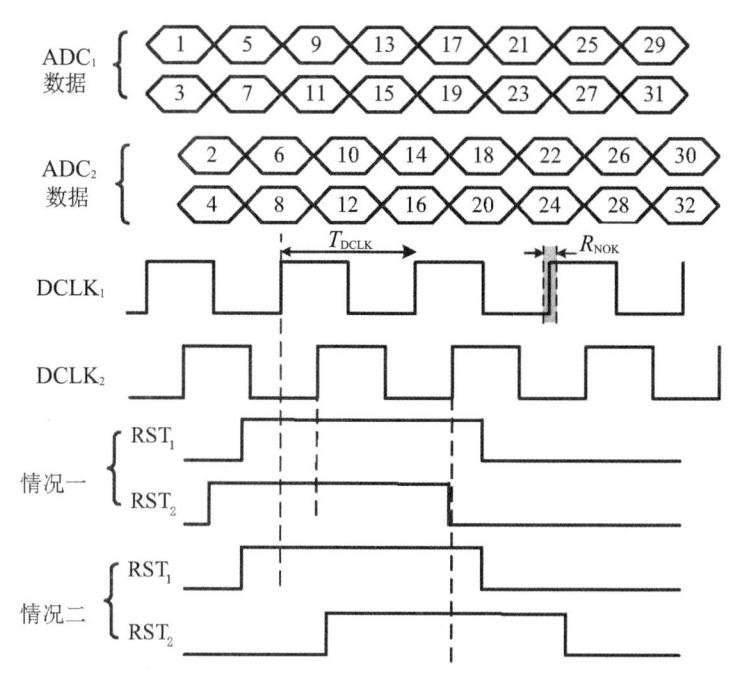

图6-9 两路ADC时间交替采样在FPGA中的串并转换过程

因此，多FPGA数据接收模块同步的前提是保证多片FPGA在同一个DCLK上升沿响应模块的复位信号 RST_i。当多片FPGA响应该复位信号的DCLK时钟周期数相差 N_{DCLK} 时，引起的采样点拼合偏差 N_{RST} 可以根据下式计算：

$$N_{RST} = N_{DCLK} \times N_{PARRAL} \qquad (6-2)$$

其中，N_{PARRAL} 为每个DCLK周期（T_{DCLK}）对应的采样点数。与ADC同步复位类似，数据接收模块同样存在复位的亚稳态区间 R_{NOK}。落入亚稳态区间的复位信号会引起不确定性的同步顺序，影响信号的拼合，因此需要在发送复位信号时避开该区间。

（3）存储器写使能对数据存储同步的影响。

受FPGA之间通信速率的影响，在采样数据送往信号处理FPGA前，并行数据流需要在数据接收FPGA中进行缓存。然而对于多FPGA系统而言，

FIFO的写使能（Wen_i）的随机性往往会导致多个FPGA之间存储的错位，引入额外的数据拼合误差。

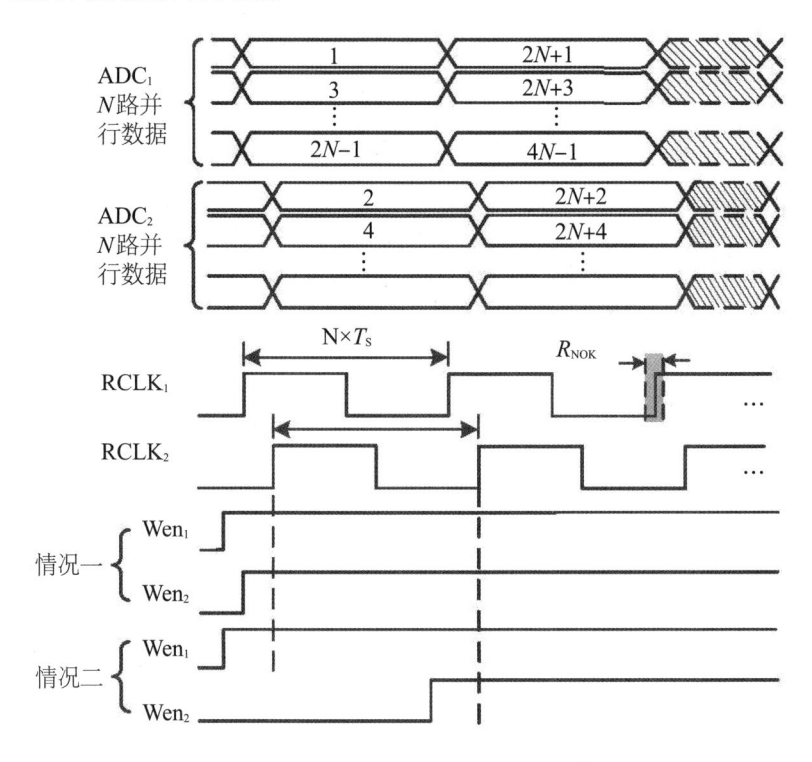

图6-10 两路并行ADC存储的同步情况

图6-10展示了两路并行ADC存储的同步情况。数据在写使能信号Wen_i有效后的第一个RCLK上升沿开始写入FIFO。在情况一中，两片FPGA的写使能信号在同一个RCLK时钟上升沿被响应，因此存储后数据拼合后的顺序为$[1,2,3,4,\cdots]$，此时，两片FPGA的存储实现了同步；在情况二中，第二片FPGA写使能信号Wen_2响应时间比在FPGA中延迟了一个RCLK周期，拼合后的数据顺序为$[1,2N+2,2,2N+4,\cdots]$，数据拼合出现了错位，存储未同步，写使能引起的拼合采样点偏差可以根据下式计算：

$$N_{\text{Wen}} = N_{\text{RCLK}} \times N \tag{6-3}$$

式中，N_{RCLK}为多FPGA之间写使能响应相差的RCLK时钟周期数；N为单片FPGA内的并行数据路数。写使能同样存在时钟的亚稳态区间R_{NOK}，落入该区间的写使能信号会导致采集信号的毛刺及随机拼合误差，同样需要避免写使能的上升沿落入该段区间内。

6.2.2 多ADC与多FPGA同步方案

根据前一节的分析，多ADC与多FPGA同步的关键可以总结为消除异步复位、消除使能信号的亚稳态引起的随机同步误差及多ADC与多FPGA之间的固定采样点数偏差补偿。基于此解决思路，本书主要针对随机同步误差与固定同步误差的消除提出对应的解决方案。

6.2.2.1 随机同步误差消除方案

随机同步误差主要是由多ADC与多FPGA中控制信号或复位信号落入时钟的亚稳态区间导致的。因此，提出一种基于多时钟域的同步控制方案，通过调节系统各处的延迟值来实现消除随机同步误差，具体参数见表6-1所列。

表6-1 控制信号与复位信号延迟调节及延迟参数表

延迟调节信号	延迟参数	调节范围	调节步进	被控器件
$SYNC_i$	AD_i	0～23	25 ps	PLL
RST_i	RD_i	0～31	78 ps	FPGA
Wen_i	WD_i	0～31	78 ps	FPGA

基于表6-1中的延迟调节参数，本书提出如图6-11所示的亚稳态消除方案。

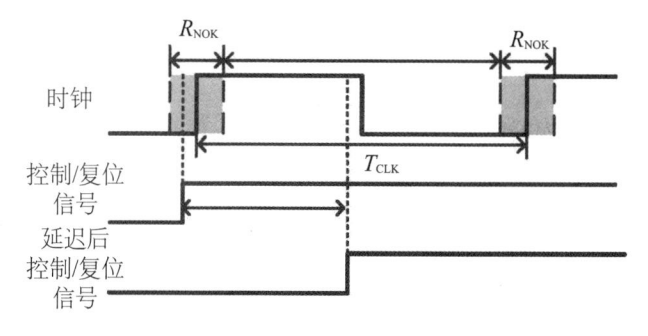

图6-11 亚稳态消除方案

在图 6-11 中，出现亚稳态现象的原因是由于控制/复位信号的上升时刻落入了对应时钟域的亚稳态区间 R_{NOK}，可以通过调节延迟将控制/复位信号的上升时刻移除该区域。观察图 6-11 可以发现，一旦控制/复位信号落入时钟的亚稳态区间，仅需要将该信号延迟时钟的半周期 $T_{\text{CLK}}/2$ 即可以保证该信号落入时钟响应的稳定区间。因此，表 6-1 中各个信号调节的延迟值可以根据下式计算。

$$\text{delay}_i = \frac{T_{\text{CLK}}}{2 \times \text{调节步进}} \tag{6-4}$$

综上所述，本书提出的亚稳态消除方法可以总结如下。

（1）发送控制/复位信号，观测采集波形是否出现毛刺或随机相位差等亚稳态现象，如果存在，则执行（2），否则执行（4）。

（2）根据信号对应的调节步进值及时钟域对应的时钟周期 T_{CLK}，利用式（6-4）计算信号调节的延迟值。

（3）依据（2）中计算的延迟值调节表 6-1 中对应的被控器件。

（4）完成复位/控制信号亚稳态的消除。

6.2.2.2　固定同步误差消除方案

在完成随机同步误差消除后，根据 6.2.1 小节的分析，多片 ADC 与多片 FPGA 之间仍会存在固定的整数采样点偏差。尽管可以通过调节表 6-1 中的延迟值保证多片 ADC 与多片 FPGA 的控制/复位信号的延时，但是由于调节精度及范围的限制，通常难以兼顾亚稳态消除及多片芯片的同步控制/复位的问题。因此，本书在消除亚稳态的基础上，提出了一种基于数据辅助的多 ADC 与多 FPGA 时延误差估计算法，在数字后端通过丢弃采样点的方式实现多片 ADC 与多片 FPGA 之间的同步。

在 BI-DAQ 系统中，子带一中频信号的频率为 DC～5 GHz，而子带二由于混频的原因，中频信号频率为 0.5～ 5 GHz。由于 BI-DAQ 系统的第二频率子带中频频率最低为 500 MHz，传统的单音信号测试[123]时延会引入周期缠绕的问题，引入时延估计的误差。例如，10 GSa/s 对 500 MHz 信号采样，周期为20个采样点，而当两个ADC之间时延为22个采样点时，单音信号测量的延迟为2个采样点，即单音信号测量延时误差范围小于等于单音信号一个周期的采样点。对于大于信号周期采样点数的延时误差，单音信号测量的延时为

$$\text{Delay}_{\sin} = \text{Dealy}_{\text{real}} \% \text{Period}_{\text{sample}} \quad (6\text{-}5)$$

式中，$\text{Delay}_{\sin}$ 为单音信号测量的时延；$\text{Dealy}_{\text{real}}$ 为真实的时延；$\text{Period}_{\text{sample}}$ 为单音信号一个周期的采样点数；%为求余运算。

为了应对单音信号可能引入的周期缠绕误差，本书提出了一种三点法的采样点延时估计算法。需要说明的是，由于子带间的延迟误差估计及补偿方法已经在4.3.2小节中展开了研究和讨论，因此本节提出的延时估计算法主要针对单个频率子带两片时间交替采样ADC的延迟误差展开研究。

首先，将频率为 f_1 的正弦信号输入TIADC系统中，利用FFT算法分别测量两个子ADC采样的正弦信号的初相 $\theta_1(f_1)$ 及 $\theta_2(f_1)$，并计算两者之间的相位差 $\Delta\theta_1 = \theta_1(f_1) - \theta_1(f_2)$，设FFT的点数为 L，则 $k_1 = f_1/f_s \times L$。正弦信号的频率变为 f_2 及 f_3，采用同样的方法计算 $\Delta\theta_2$、$\Delta\theta_3$ 与 k_2、k_3，三者的关系如图6-12所示。

在图6-12中可以看出，两片ADC之间的时延可以通过系统相位差的斜率计算。单音信号测量时延的本质是计算某一频点处相位差与原点连线的斜率[123]。然而由于相位周期缠绕，根据 k_2 处相位差 $\Delta\theta_2$ 与原点的斜率并不能准确估计两片ADC之间的正确延时。

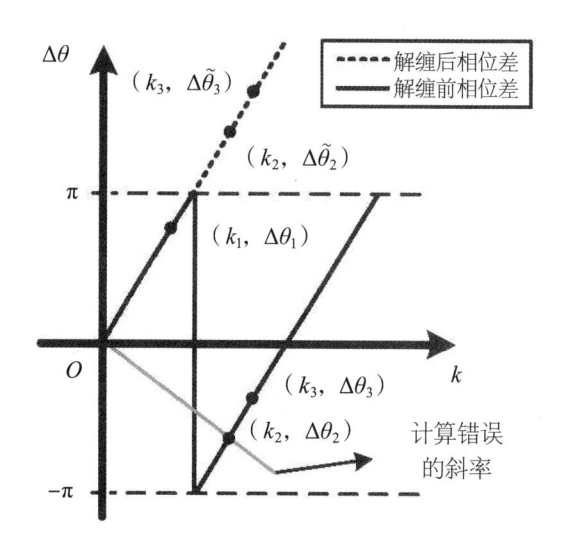

图6-12 TIADC与子ADC之间相位差缠绕前与解缠后示意图

因此，在计算时延前，需要对测量的相位差 $\Delta\theta$ 进行相位的解缠，解缠的做法是在 $\Delta\theta$ 的基础上增加 2π 的整数倍，如下式所示。

$$\Delta\tilde{\theta}_i = \Delta\theta_i + m_i \times 2\pi \quad i=1,2,3, m_i \in \mathbf{Z} \tag{6-6}$$

式中，$\mathbf{Z}$ 为整数集。假设 $m_1=0$，则利用解缠后的前两个点计算斜率为

$$\frac{2\pi}{L}\delta = \frac{\Delta\theta_2 - \Delta\theta_2 + m_2 \times 2\pi}{k_2 - k_1} \tag{6-7}$$

观察式（6-7）等号右侧，只有 m_2 一个未知数，而这个未知数可以借助第三个频点斜率相同的特点计算。

$$\frac{\Delta\tilde{\theta}_3 - \Delta\tilde{\theta}_1}{k_3 - k_1} = \frac{\Delta\tilde{\theta}_2 - \Delta\tilde{\theta}_1}{k_2 - k_1} \tag{6-8}$$

将式（6-6）带入式（6-8）中，可以得到以下等式。

$$(k_3 - k_1)m_2 = C + (k_2 - k_1)m_3 \tag{6-9}$$

式中，

$$C = \frac{1}{2\pi}\left[(k_2-k_1)(\Delta\theta_3 - \Delta\theta_1) - (k_3-k_1)(\Delta\theta_2 - \Delta\theta_1)\right]$$

从式（6-9）中可以看出，$(k_3-k_1)m_2 - C$ 是 $k_2 - k_1$ 的整数倍，因此，式（6-9）可以写作

$$(k_3 - k_1)m_2 \equiv C(\mathrm{mod}\, k_2 - k_1) \qquad (6\text{-}10)$$

式（6-10）可以利用中国余数定理（Chinese remainder theorem，CRT）进行求解[132]，当且仅当 k_1，k_2 和 k_3 互质时，式（6-10）存在唯一解。

基于估计出的延迟差，在两路 ADC 数据拼合前进行丢点处理，以实现采样信号正确的拼合顺序。

6.2.3 多 ADC 与多 FPGA 同步实验结果分析与讨论

为了验证 6.2.2.2 小节中方案的有效性，本书在图 6-1 所示的硬件平台上进行了实验。在消除 6.2.2.1 小节所示的随机误差后，将 10 GHz 的正弦信号输入系统中，由于第二子带本振频率为 10.5 GHz，因此混频后的信号频率为 500 MHz，两片 ADC 未经固定采样点时延校正前拼合结果如图 6-13 所示。

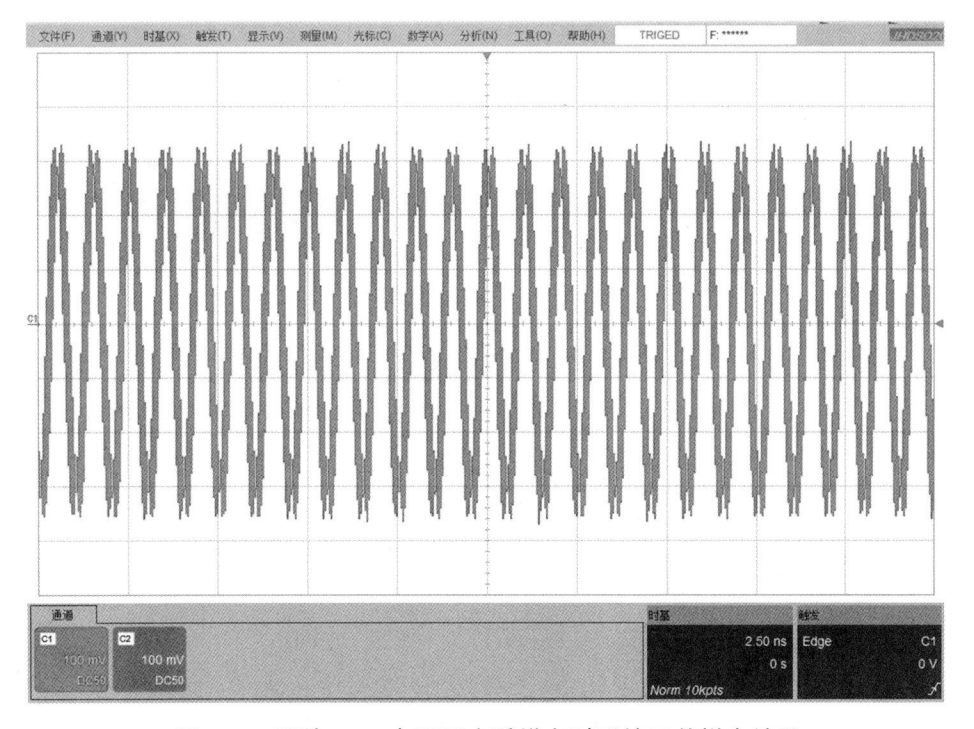

图 6-13 两片 ADC 未经固定采样点时延校正前拼合结果

从图6-13可以看出，两片ADC未经固定采样点时延校正时，屏幕上出现两股波形，严重影响对波形的观测，采用参考文献[123]中单音信号估计的采样点偏差为−4，通过丢点补偿后，输入正弦信号频率为10 GHz（对应中频信号为500 MHz）的采样波形如图6-14所示。

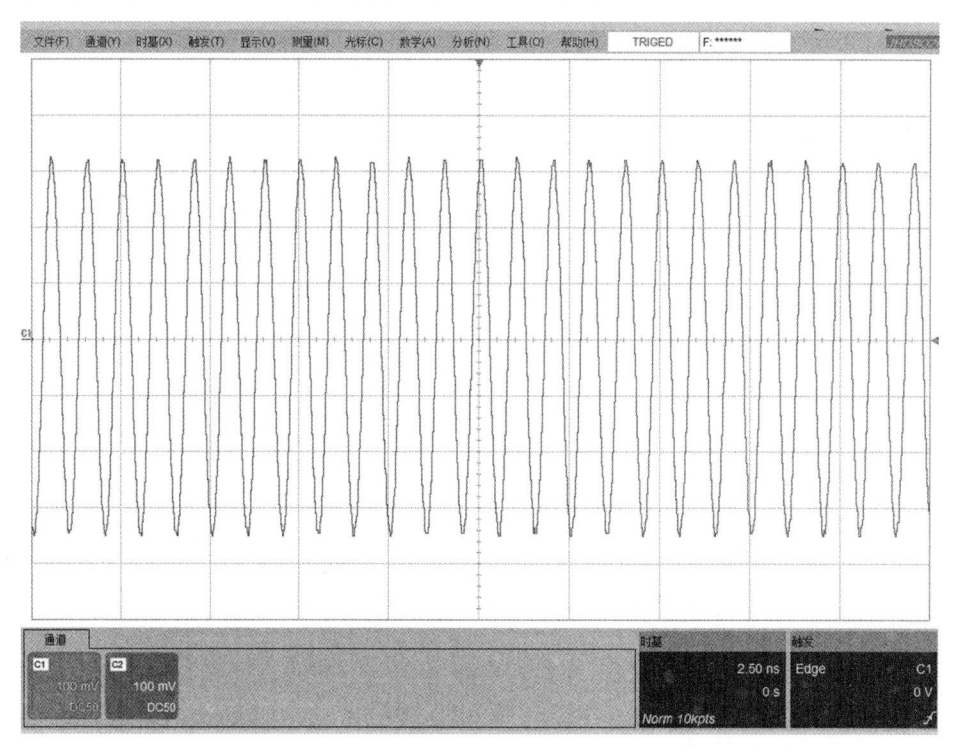

图6-14 单音测量补偿后同步结果（输入正弦信号频率为10 GHz）

从图6-14中可以看出，经过延迟补偿消除了两路ADC之间的采样点延迟，波形拼合正确。而当改变输入正弦信号频率为9.9 GHz（对应中频信号为600 MHz）时，波形拼合如图6-15所示，波形拼合发生了错位，屏幕上在此出现了两股波形。此时利用单音信号估计时延发生了周期缠绕，即图6-12所示计算错误斜率的情况。因此，改用本书提出的三点法，选用9.950 GHz、9.990 GHz及9.975 GHz三个频点，分别对应中频信号为505 MHz、510 MHz及525 MHz，FFT估算相位的点数为2000，采样率为10 GSa/s，则对应的频点坐标分别为$k_1=101$，$k_2=102$，$k_3=105$，满足互质的条件。估算出的采样点偏差为16，将该采样点偏差带入系统中进行补偿，补偿后的500 MHz及600 MHz中频信号的波形如图6-16、图6-17所示。

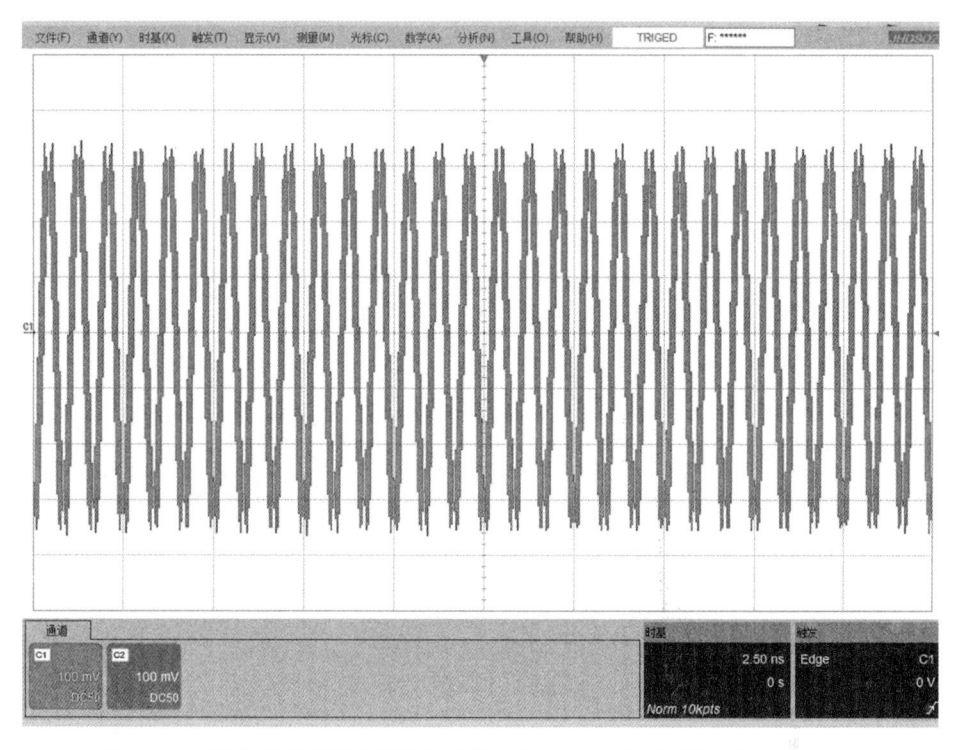

图6-15　单音测量补偿后同步结果（输入正弦信号频率为9.9 GHz）

观察图6-16、图6-17可以发现，在经过三点法测量补偿，两路ADC实现了正确的拼合，二者之间的时延差不再随着信号频率的变化而变化，两路ADC之间实现了同步。

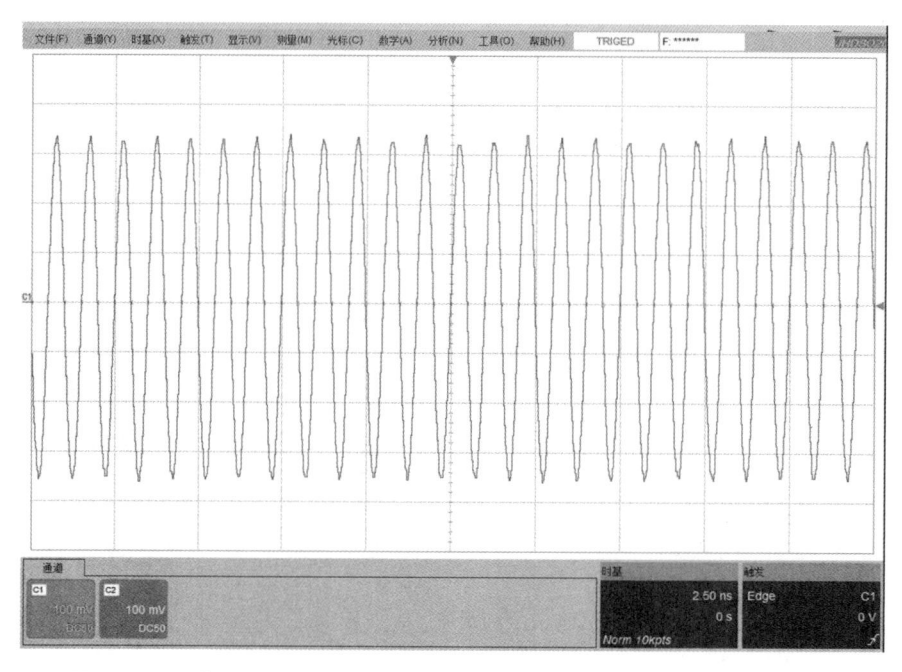

图6-16 三点法测量补偿后同步结果（输入正弦信号频率为10 GHz）

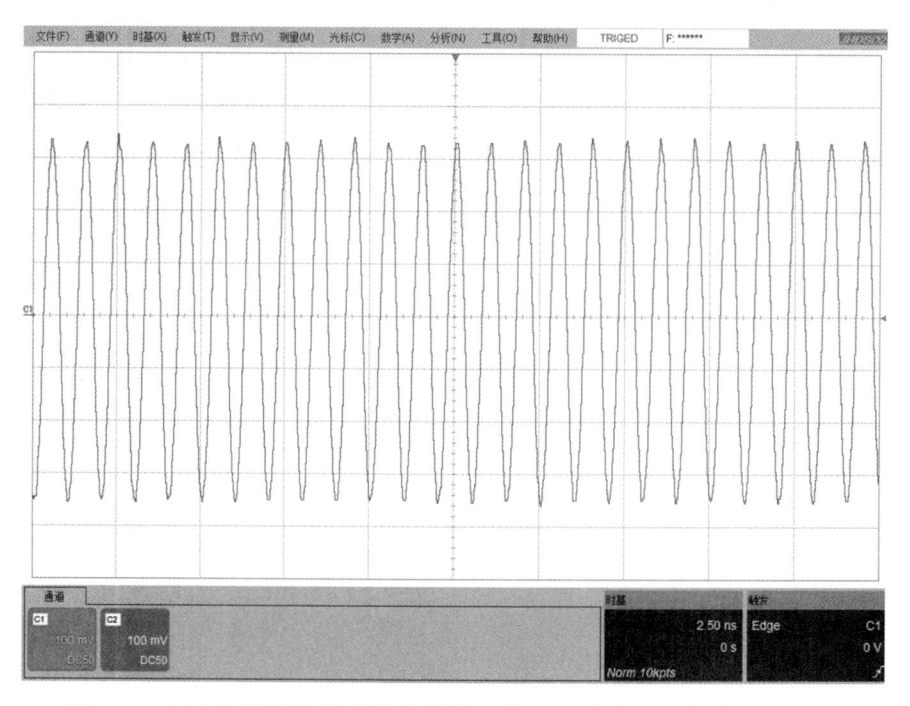

图6-17 三点法测量补偿后同步结果（输入正弦信号频率为9.9 GHz）

6.3 超宽带数字示波器原理化样机测试结果

6.3.1 采样率测试

根据数字存储示波器通用规范[133]，单位时间内对信号进行采样的次数称为采样率。其测试步骤如下。

（1）射频信号源输出频率为 400 MHz，幅度为 600 mVpp 的正弦信号至待测示波器模拟输入端，将示波器幅度挡设置为 100 mV/div，示波器采样模式设置为实时采样。

（2）调节示波器至最小实时挡（2.5 ns/div），触发模式设置为正常触发。

（3）关闭信号源输出，将水平时基挡展宽至 500 ps/div。

（4）计算每个周期采样点的个数 N_{sample}，系统采样率等于 $f_s = N_{sample} \times$ 400 MHz。

根据上述测试步骤，示波器原理样机的采样率测试如图 6-18 所示。

在图 6-18 中，示波器采集到每个周期的采样点数为 100，因此系统采样率为 40 GSa/s，满足指标中的设计要求。

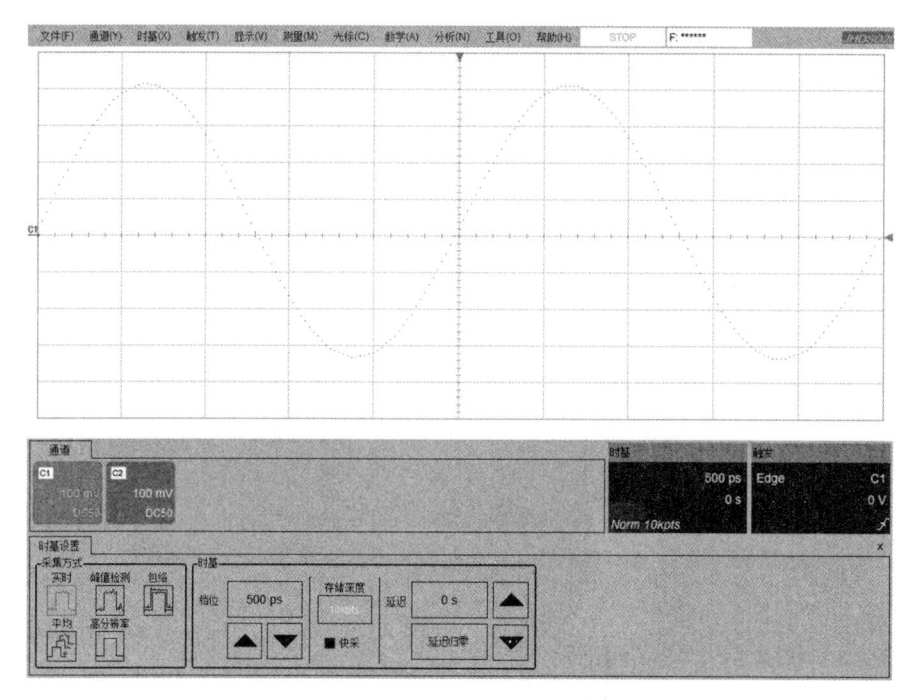

图6-18 示波器原理样机的采样率测试

6.3.2 带宽性能指标测试

根据数字存储示波器通用规范[133]，示波器输入带宽是指示波器输入不同频率等幅正弦信号，显示屏上对应基准频率的显示幅度随频率变化而下降3 dB时，其下限到上限的频率范围。其测量步骤如下。

（1）连接射频信号源至待测示波器模拟输入端，设置信号源输出正弦信号的幅度为600 mVpp，将示波器幅度挡设置为100 mV/div。

（2）将水平时基挡调节至可以观测3~4个完整信号周期，开启示波器垂直测量中的幅度测量功能。

（3）调节射频信号源的输出频率，从100 MHz开始以100 MHz为步进，依次增加至10.5 GHz。

（4）以 100 MHz 信号示波器测量的幅度 V_0 为基准，计算并记录不同频率对应的相对幅度值（V_{in}/V_0）并在 MATLAB 中绘制出该幅度值随着频率变化的曲线，如图 6-19 所示。

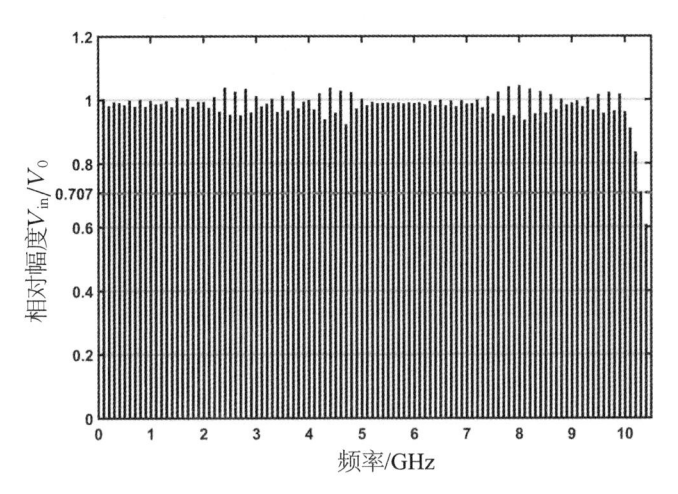

图 6-19 示波器原理样机的幅频响应

观察图 6-19 可以看出，示波器原理样机的幅频响应在通带范围内的波动小于 18%，且在 10.3 GHz 频点处，相对幅度衰减至 0.707，对应数字存储示波器通用规范中 3 dB 带宽的幅值，因此系统的带宽为 10.3 GHz，满足设计目标的要求。

6.3.3 ENOB 与 SFDR 性能指标测试

示波器的 ENOB 与 SFDR 是反映系统动态性能的重要指标，在实现幅频响应补偿后，通过正弦扫频信号，利用参考文献[95]中 IEEE 提供的 ENOB 及 SFDR 测试方法，测得的 ENOB 与 SFDR 随频率变化的曲线分别如图 6-20 及图 6-21 所示。

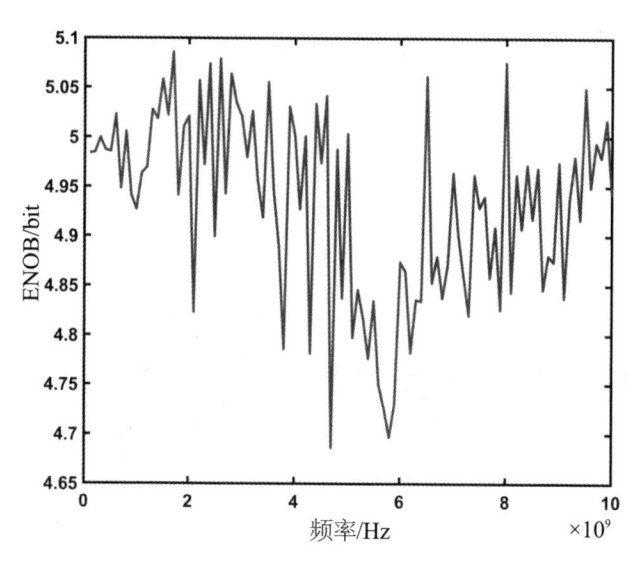

图6-20　示波器原理样机的ENOB随频率变化的曲线

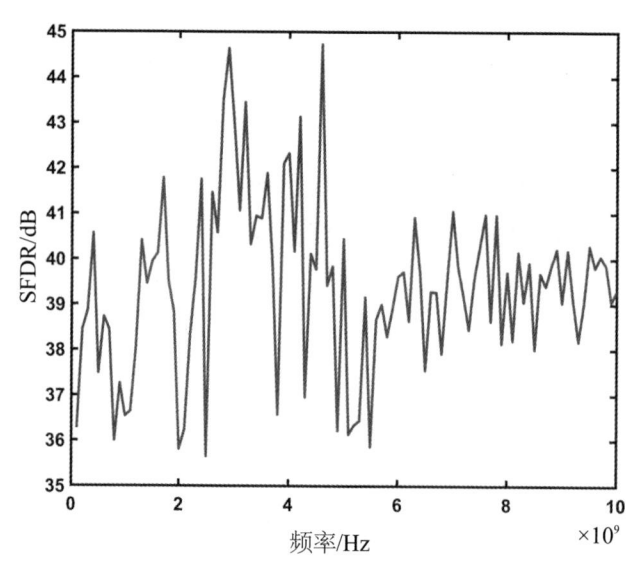

图6-21　示波器原理样机的SFDR随频率变化的曲线

在图6-20中，第二子带的ENOB略低于第一子带，这是由于第二子带信号的混频过程引入了额外的噪声，ENOB下降。系统总体ENOB指标≥4.7 bit，相较于ADC手册[68]中5.6 bit的ENOB典型值，系统ENOB下降的原因是在图6-2的模拟信号调理电路中引入了额外的热噪声。图6-21中展示的系统SFDR≥36 dB，由于BI-DAQ系统的拼合并不会引入额外的杂散误差，因此，SFDR主要取决于每个通道基带采集系统的SFDR，主要受单个频率子带内TIADC失配误差及模拟电路非线性等因素的影响[23,134]。

6.3.4 阶跃信号响应测试

阶跃信号响应测试是表征示波器的瞬态响应的常用测试手段，也是用于测量示波器的带宽及相频响应线性度的有效手段，根据数字存储示波器通用规范[133]，系统上升沿定义为波形的第一个脉冲的前导边沿从最终值的低值（通常为脉冲幅度的10%）上升到高值（通常为脉冲幅度的90%）所需的时间。测量步骤如下。

（1）首先利用快沿信号发生仪产生一个频率为4 MHz，幅度为500 Vpp，上升时间t_{sig}为9 ps的标准快沿方波信号。

（2）将示波器水平时基挡调至125 ps/div，垂直挡位调至100 mV/div。

（3）打开示波器的参数测量功能，读取水平参数测量中的上升时间t_{meas}。

（4）根据下列公式计算示波器的本机上升时间t_{ocs}。

$$t_{ocs} = \sqrt{t_{meas}^2 - t_{sig}^2} \tag{6-11}$$

图6-22展示了未经相频响应补偿的快沿信号上升沿，从图中可以看出，尽管已经完成了幅频响应的补偿且带宽已经达到了10 GHz，但由于相频响应未校正，示波器水平参数测量的快沿信号上升时间为187.17 ps。根据式（6-11）计算的本机上升时间为186.95 ps，较指标中设计目标的40 ps相差甚远。

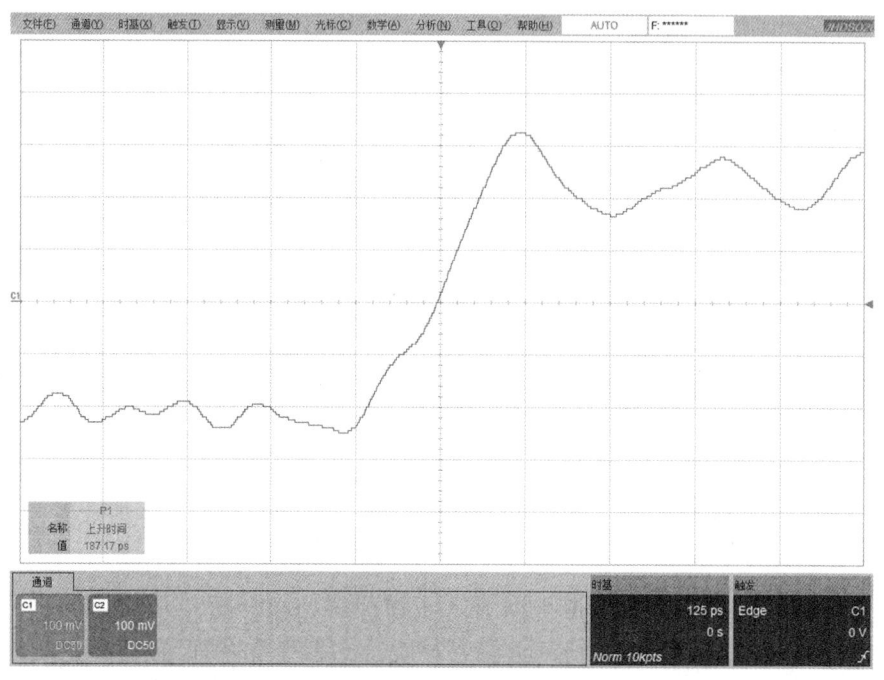

图6-22 未经相频响应补偿的快沿信号上升沿

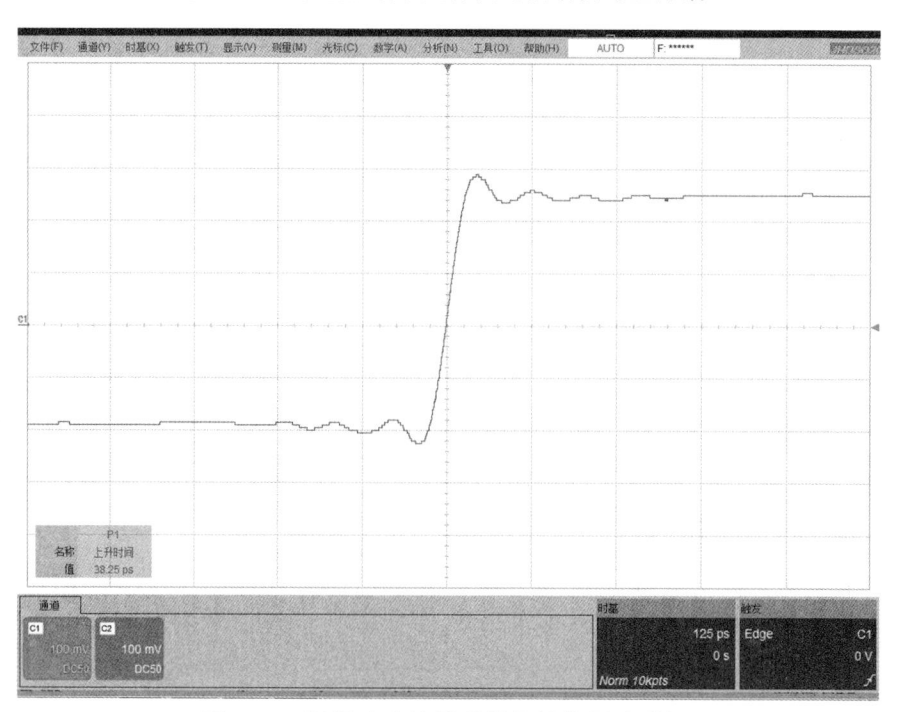

图6-23 相频响应补偿后的快沿信号上升沿

而相频响应补偿后的快沿信号如图 6-23 所示。经过相频响应，波形上升沿的形状有明显的改善，示波器水平参数测量的快沿信号上升时间为 38.25 ps，根据式（6-11）计算的本机上升时间为 37.17 ps，符合核心指标中要求的本机上升时间。

6.4 本章小结

本章从系统级应用设计展开研究，基于 BI-DAQ 系统设计并研制了一套完整的测试平台，利用 10 GSa/s、5.8 GHz 带宽的 ADC 实现了 40 GSa/s、10 GHz 带宽的数字示波器实物样机，实现了在低速低带宽 ADC 的基础上获取采集系统采样率及带宽的成倍提升。其中，重点研究了并行采集中多 ADC 与多 FPGA 同步采集问题的成因并提出了一套解决方案，解决了多 ADC 多 FPGA 采集存储同步的难题。最后对实物样机的核心指标展开了测试，测试结果展示出其良好的性能。

第七章

总结与展望

7.1 研究总结

BI-DAQ系统为突破单片ADC的采样率及带宽等指标限制提供了有效的途径。本书基于BI-DAQ的并行架构，围绕BI-DAQ系统中输入信号的完美重构问题展开了一系列的研究。针对BI-DAQ系统子带信号分解及信号重构过程中面临的子带信号恢复、频率交叠带相位补偿、通带幅频响应补偿及通带相频响应补偿等问题提出了相应的解决方案，并在原理样机中进行了实现与验证。本书的研究内容及成果可以归纳成以下几点。

（1）围绕BI-DAQ系统的模拟以及数字信号处理过程建立了一套完整的数学模型，用于分析BI系统中产生的各类杂散及BI-DAQ系统输入信号完美重构的条件，为后续的研究提供了理论支撑。从输入噪声、ENOB频率响应、时钟鲁棒性等方面出发，分析并对比了TIADC（DS）、Zero-IF FI-ADC（ZS）及BI-DAQ（MTS）系统之间的优劣，讨论了本振信号和采样钟抖动对系统产生的影响，为射频工程师进行高速电路设计提供了理论依据和指导。研究结果表明，由于增加了模拟混频的流程，ZS结构及MTS结构的时钟鲁棒性要优于DS结构，而ZS架构由于省略了模拟前端的子带分

解滤波器，因而导致的谐波混频现象会破坏系统的 ENOB 性能指标，反观 MTS 结构及 DS 结构则不会存在谐波混频的问题，具有良好的噪声性能。因此，相较于其他两种结构，BI-DAQ 系统的 MTS 结构在噪声性能以及时钟鲁棒性两个方面均具有一定的优势。

（2）针对 BI-DAQ 系统的子带数字后端恢复工作展开了研究，分析了数字上采样及上变频过程中出现的各类杂散误差，并提出了相应的解决方法。重点研究了 BI-DAQ 系统中模拟与数字本振之间的相位同步问题，利用二维李沙育图形分析了本振间随机相位误差的统计特性。利用模拟本振与采样时钟的同步关系，提出了一种无须额外硬件辅助的模拟与数字本振之间的相位同步装置并在 FPGA 中进行了实现。实验结果表明，经过数字上采样及上变频等一系列的信号处理过程，各个子带的信号在数字端恢复至原始频带，且模拟与数字本振之间的相位完成了同步，为后续的子带拼合及输入信号的完美重构提供了先决条件。

（3）分析并讨论了 BI-DAQ 系统中频率交叠带相频响应误差的影响，并根据相频响应误差对拼合后幅频响应的影响程度定义了 BI-DAQ 系统中交叠带的频率范围。在此基础上，提出了一种基于 APF 的"线性+非线性"的交叠带相频响应补偿结构，并将该结构的参数设计转化为非线性优化问题。提出一种基于混合粒子群算法（hybrid particle swarm optimization Levenberg-Marquardt，HPSOLM）的非线性优化算法，该算法引入的 LM 算法在加速 PSO 算法迭代速度的同时降低了 PSO 算法迭代结果的随机性；同时，PSO 算法解决了 LM 算法的初始值选择的难题。该算法通过将 LM 算法迭代变量进行映射处理，解决了无约束最优化算法（LM）可能导致的 APF 不稳定问题。实验结果表明，HPSOLM 算法可以有效地设计补偿结构的参数，补偿结构消除了交叠带相频响应偏差导致的拼合后幅频响应误差，为输入信号的 PR 提供了前提。

（4）研究了BI-DAQ系统输入信号PR的条件，提出了一种基于分治法的BI-DAQ系统的PR策略，将BI-DAQ系统的PR划分为幅度及相位的PR。提出了基于数据辅助的正弦扫频法的幅频响应失真及宽带广谱信号的相频响应失真误差估计方法。根据估计的幅频及相频响应误差分别设计FIR及APF滤波器用于通带幅频及相频响应的补偿及校正。推导了幅频补偿FIR滤波器的矩阵描述，将幅频响应补偿问题转化为线性系统的求解问题，并利用基于Gauss-Seidel预处理的Krylov子空间迭代算法进行求解。针对BI-DAQ系统通带带宽较宽，相频响应波动较大可能导致的APF阶数过高的问题，提出了一种改进的图解法用于APF系数的设计。该算法可以应对大阶数APF设计面临的稳定性与精度难题，在实现相频响应PR的同时，确保APF的稳定性。实验结果表明，基于上述方法设计的幅频响应补偿滤波器及APF滤波器可以很好地解决BI-DAQ系统的通带幅频及相频响应失真的补偿，分别实现了BI-DAQ系统的幅频及相频PR，从而实现了整个BI系统输入信号的PR。

（5）设计并实现了数字示波器原理样机。从总体方案设计上搭建了40 GSa/s采样率，10 GHz带宽的宽带数据采集系统。研究了并行采集架构系统中面临的多ADC与多FPGA同步难题并提出了系统级的解决方案，实现了并行采集架构中多ADC与多FPGA的同步。测试结果表明，基于BI的并行采集架构可以在单片ADC性能指标的基础上成倍地提升系统的采样率及带宽指标。BI-DAQ系统的幅频响应波动小于±0.5 dB，上升时间为37.17 ps，在国内已经发布的各类学术成果以及产品中处于领先地位。

7.2 研究展望

本书探索出一条基于BI-DAQ系统的超宽带数据采集技术，针对系统中存在的问题进行了分析并提出了实用化的解决方案，然而，超宽带数据采集技术的研究不止于此，在诸多方面仍有提升的空间。

（1）在BI-DAQ的系统实现过程中，为了满足大动态范围的性能指标，搭建了基于分立元器件的信号调理电路。而信号调理电路的引入增大了信号链路的噪声，恶化了BI-DAQ系统的采样性能指标，如何设计低噪声系数的宽带信号调理电路仍是一个重大的技术难题。特别是随着ADC量化位数的增加，信号调理通道噪声的影响会愈发明显。除此之外，为了获取更高的采样精度，可以结合小波变换、Dither等Denosing方法，通过数字手段降低系统噪声指标。

（2）本书重点围绕BI-DAQ系统的线性误差的建模、分析及补偿方法进行了研究。而实际电路在设计及实现的过程中无法提供理想的线性性能，诸如混频器，T/H电路及ADC都具有一定的非线性和记忆特性。这些非线性特性同样会影响系统的频率响应，特别是对更高精度的采样应用场景。因此，需要研究BI-DAQ系统中非线性特性的系统表征及模型，研究相应的系统辨识方法实现线性及非线性特性的辨识，并基于Volterra或神经网络工具，提高系统辨识及补偿的精度，进一步提升BI-DAQ系统的采集精度指标。

（3）本书提出的BI-DAQ校正以及补偿是基于离线设计及在线校正的策略。在离线设计时需要通过数据辅助的方式获取系统的频响，而正弦扫频及广谱信号测试方法的测试精度较低，为了获取更高频响估计精度，需要探究更高精度的频响测试方法。同时，在线校正的过程尽管可以满足BI-DAQ系统实时性的要求，但无法实时跟踪电路参数随环境的变化，并随之做出相应的改变。因此接下来的工作重点在于如何设计盲自适应校正的方法，实现系统补偿参数随电路环境的变化而自动变化，提高BI-DAQ系统的环境适应性。

参考文献

[1] 李峰. 5G 毫米波和超宽带信号的验证和测试 [J]. 电信网技术, 2015, (5): 80-86.

[2] EISSA M H, MALIGNAGGI A, WANG R Y, et al. Wideband 240-GHz transmitter and receiver in BiCMOS technology with 25-Gbit/s data rate[J]. IEEE Journal of Solid-State Circuits, 2018, 53(9): 2532-254.

[3] CEVRERO A, OZKAYA I, FRANCESE P A, et al. 6.1 A 100Gb/s 1.1 pJ/b PAM-4 RX with dual-mode1-tap PAM-4/3-tap NRZ speculative DFE in 14nm CMOS FinFET[C]. 2019 IEEE International Solid-State Circuits Conference-(ISSCC), 2019: 112-114.

[4] ZAKHEM S, LIU J, MACDONALD A. Demodulation performance of multiband uwb communication system with one rf and adc module receiver[C]. MILCOM 2008-2008 IEEE Military Communications Conference, 2008: 1-5.

[5] ARBABIAN A. Time-domain ultra-wideband synthetic imager in silicon[D]. University of California, 2013.

[6] PISA S, PITTELLA E, PIUZZI E. A survey of radar systems for medical applications[J]. IEEE Aerospace and Electronic Systems Magazine, 2016, 31(11): 64-81.

[7] ARBABIAN A, CALLENDER S, KANG S, et al. A 90 GHz hybrid switching pulsed-transmitter for medical imaging[J]. IEEE Journal of Solid-State Circuits, 2010, 45(12): 2667-2681.

[8] ZHONG K P, ZHOU X, WANG Y G, et al. Amplifier-less transmission of 56Gbit/s PAM4 over 60km using 25Gbps EML and APD[C]. Optical Fiber Communication Conference, 2017, Tu2D-1.

[9] LIU X, HUANG M Q, MIN H, et al. A 5 GHz and 7.5 V multi-amplitude modulator driving circuit for practical high-speed quantum key distribution[J]. Review of Scientific Instruments, 2020, 91(2): 024705.

[10] ZELLNER M, VUNNI G. Photon doppler velocimetry (PDV) characterization of shaped charge jet formation[J]. Procedia Engineering, 2013, 58: 88-97.

[11] TEKTRONIC. DPO70000SX oscilloscopes[M/OL]. https://www.tek.com.cn/oscilloscope/dpo70000sx, 2015.8.

[12] LECORY. LabMaster 10 Zi-A oscilloscopes[M/OL]. https://teledynelecroy.com/oscilloscope/lab master-10-zi-a-oscilloscopes, 2017.

[13] KEYSIGHT. Infiniium UXR-series oscilloscopes[M/OL]. https://www.keysight.com/cn/zh/product/UXR1104A/infiniium-uxr-series-oscilloscope-110-ghz-4-channels.html, 2018.

[14] ZHANG J C, Liu M, Wang J C, et al. Modeling of InP HBTs with an improved keysight HBT model[J]. Microwave Journal, 2019, 62(7).

[15] SCHMIDT C, Yamazaki H, Raybon G, et al. Data converter interleaving: current trends and future perspectives[J]. IEEE Communications Magazine, 2020, 58(5): 19-25.

[16] MOTA M. Understanding clock jitter effects on data converter performance and how to minimize them[J]. Synopsys, Inc., White Paper., 2010.

[17] MURMANN B. ADC performance survey[R]. http://web.stanford.edu/murmann/adcsurvey.

[18] MURMANN B. A/D converter trends: Power dissipation, scaling and digitally assisted architec-tures[C]. 2008 IEEE Custom Integrated Circuits Conference, 2008: 105-112.

[19] BLACK W C, Hodges D A. Time interleaved converter arrays[J]. IEEE Journal of Solid-statecircuits, 1980, 15(6): 1022-1029.

[20] PETRAGLIA A, MITRA S K. Analysis of mismatch effects among A/D converters in a time- interleaved waveform digitizer[J]. IEEE Transactions on Instrumentation and Measurement, 1991, 40(5): 831-835.

[21] VOGEL C. The impact of combined channel mismatch effects in time-interleaved ADCs[J]. IEEE Transactions on Instrumentation and Measurement, 2005, 54(1): 415-427.

[22] EL-CHAMMAS M, MURMANN B. General analysis on the impact of phase-skew in time-interleaved ADCs[J]. IEEE Transactions on Circuits and Systems I: Regular Papers, 2009, 56(5): 902-910.

[23] 杨扩军. TIADC 系统校准算法研究与实现 [D]. 成都:电子科技大学, 2016.

[24] YANG K J, SHI J L, TIAN S L, et al. Timing skew calibration method for TI-ADC-based 20 GSPS digital storage oscilloscope[J]. Journal of Circuit Systems and Computers, 2016, 25(2):1650007.

[25] ZOU Y X, LI B, CHEN X. An efficient blind timing skews estimation for time-interleaved analog-to-digital converters[C]. 2011 17th International Conference on Digital Signal Processing (DSP), 2011: 1-4.

[26] HUANG S, LEVY B C. Blind calibration of timing offsets for four-channel time-interleaved ADCs[J]. IEEE Transactions on Circuits and Systems I: Regular Papers, 2007, 54(4): 863-876.

[27] ELBORNSSON J, EKLUND J E. Blind estimation of timing errors in interleaved AD converters[C]. 2001 IEEE International Conference on Acoustics, Speech, and Signal Processing. Proceedings (Cat. No. 01CH37221), 2001: 3913-3916.

[28] DIVI V, WORNELL G. Scalable blind calibration of timing skew in high-resolution time-inter leaved ADCs[C]. 2006 IEEE International Symposium on Circuits and Systems, 2006: 4.

[29] HAYKIN S S. Adaptive filter theory[M]. Pearson Education India, 2008.

[30] HUANG S, LEVY B C. Adaptive blind calibration of timing offset and gain mismatch for two-channel time-interleaved ADCs[J]. IEEE Transactions on Circuits and Systems I: Regular Pa-pers, 2006, 53(6): 1278-1288.

[31] LIU S J, QI P P, WANG J S, et al. Adaptive calibration of channel mismatches in time- interleaved ADCs based on equivalent signal recombination[J]. IEEE Transactions on Instru-mentation and Measurement, 2013, 63(2): 277-286.

[32] YANG K J, WEI W T, SHI J L, et al. A fast TIADC calibration method for 5GSPS digital storage oscilloscope[J]. IEICE Electronics Express, 2018, 15(9): 20180161.

[33] GAO J, YE P, ZENG H, et al. An adaptive calibration technique of timing skew mismatch in time-interleaved analog-to-digital converters[J]. Review of Scientific Instruments, 2019, 90(2): 025102.

[34] SINGH S, ANTTILA L, EPP M, et al. Frequency response mismatches in 4-channel time-interleaved ADCs: analysis, blind identification, and correction[J]. IEEE Transactions on Circuits and Sys-tems I: Regular Papers, 2015, 62(9): 2268-2279.

[35] SALEEM S, VOGEL C. Adaptive blind background calibration of polynomial-represented fre-quency response mismatches in a two-channel time-interleaved ADC [J]. IEEE Transactions on Circuits and Systems I: Regular Papers, 2010, 58(6): 1300-1310.

[36] WANG Y N, JOHANSSON H, Xu H, et al. Joint blind calibration for mixed mismatches in two-channel time-interleaved ADCs[J]. IEEE Transactions on Circuits and Systems I: Regular Papers, 2015, 62(6): 1508-1517.

[37] LIU W B, CHIU Y. Time-interleaved analog-to-digital conversion with online adaptive equalization[J]. IEEE Transactions on Circuits and Systems I: Regular Papers, 2012, 59(7): 1384-1395.

[38] 宋金鹏. 基于频率交织的宽带信号测量方法研究 [D]. 成都: 电子科技大学, 2019,

[39] KNIERIM D G. Test and measurement instrument including asynchronous time-interleaved digitizer using harmonic mixing and a linear time-periodic filter[P]. USA, Patent, EP 2528235A2, 2012.11.28.

[40] ZHANG G F, ZHOU J, LIU Y J, et al. Generalized asynchronous time interleaved (G-ATI) sampling structure for ultra-wideband signal[J]. Multidimensional Systems and Signal Processing, 2020, 31(2): 635-661.

[41] MONSURRÒ P, TRIFILETTI A, ANGRISANI L, et al. Multi-rate signal processing based model for high-speed digitizers[C]. 2017 IEEE International Instrumentation and Measurement Technology Conference (I2MTC), 2017: 1-6.

[42] MONSURRÒ P, TRIFILETTI A, ANGRISANI L, et al. Streamline calibration modelling for a comprehensive design of ATI-based digitizers[J]. Measurement, 2018, 125: 386-393.

[43] AZEREDO-LEME C. Clock jitter effects on sampling A tutorial[J]. IEEE Circuits and Systems Magazine, 2011, 11(3): 26-37.

[44] VAIDYANATHAN P. Quadrature mirror filter banks, M-band extensions and perfect-reconstruction techniques[J]. IEEE Assp Magazine, 1987, 4(3): 4-20.

[45] PETRAGLIA A, MITRA S K. High-speed A/D conversion incorporating a QMF bank[J]. IEEE Transactions on Instrumentation and Measurement, 1992, 41(3): 427-431.

[46] ZHAO S H, CHAN S C. Design and multiplierless realization of digital synthesis filters for hybrid-filter-bank A/D converters[J]. IEEE Transactions on Circuits and Systems I: Regular Papers, 2009, 56(10): 2221-2233.

[47] LOWENBORG P, JOHANSSON H, WANHAMMAR L. A class of two-channel hybrid analog/digital filter banks[C]. 42nd Midwest Symposium on Circuits and Systems (Cat. No. 99CH36356), 1999: 14-17.

[48] LOWENBORG P, JOHANSSON H, WANHAMMAR L. A class of two-channel approximately perfect reconstruction hybrid analog/digital filter banks[C]. 2000 IEEE International Symposium on Circuits and Systems (ISCAS), 2000: 579-582.

[49] VELAZQUEZ S R, NGUYEN T Q, BROADSTONE S R. Design of hybrid filter banks for analog/digital conversion[J]. IEEE transactions on signal processing, 1998, 46(4): 956-967.

[50] VELAZQUEZ S R. Hybrid filter banks for analog/digital conversion[D]. Massachusetts Institute of Technology, 1997.

[51] LEE K, NAMGOONG W. A 0.25 μm CMOS 3b 12.5 GS/s frequency channelized receiver for seriallinks[C]. ISSCC. 2005 IEEE International Digest of Technical Papers. Solid-State Circuits Conference, 2005: 336-337.

[52] MAZLOUMAN S J, SHEIKHAEI S, MIRABBASI S. Digital compensation techniques for frequency-translating hybrid analog-to-digital converters[J]. IEEE Transactions on Instrumentation and Measurement, 2010, 60(3): 758-767.

[53] MAZLOUMAN S J, MIRABBASI S. A frequency-translating hybrid architecture for wide-band analog-to-digital converters[J]. IEEE Transactions on Circuits and Systems II: Express Briefs, 2007, 54(7): 576-580.

[54] MENG J, WANG H J, YE P, et al. I/Q linear phase imbalance estimation technique of the wideband zero-IF receiver[J]. Electronics, 2020, 9(11): 1787.

[55] KUNDU S, GUPTA S, ALLSTOT D J, et al. Frequency-channelized mismatch-shaped quadrature data converters for carrier aggregation in mu-mimo lte-a[J]. IEEE Transactions on Circuits and Systems I: Regular Papers, 2016, 64(1): 3-13.

[56] SONG J P, TIAN S L, HU Y H. Analysis and correction of combined channel mismatch effects in frequency-interleaved ADCs[J]. IEEE Transactions on Circuits and Systems I: Regular Papers, 2019, 66(2): 655-668.

[57] SONG J P, HU Y H, AN J P. Frequency-interleaved ADCs with adaptive blind cyclic calibration[J]. IEEE Transactions on Instrumentation and Measurement, 2020, 69(12): 9427-9440.

[58] SONG J P, TIAN S L, HU Y H, et al. Digital iterative harmonic rejection and image cancellation for LPF-less frequency-interleaved analog-to-digital converters[J]. IEEE Transactions on Circuits and Systems II: Express Briefs, 2019, 66(12): 2072-2076.

[59] PUPALAIKIS P J. An 18 GHz bandwidth, 60 GS/s sample rate realtime waveform digitizing sys-tem[C]. 2007 IEEE/MTT-S International Microwave Symposium, 2007: 195-198.

[60] SONG J P, TIAN S Y, GUO L P, et al. Digital correction of frequency-response errors in bandwidth-interleaved ADCs[J]. Electronics Letters, 2016, 52(19): 1596-1598.

[61] YANG X, WANG H J, LIU K, et al. Minimax design of digital FIR filters using linear programming in bandwidth interleaving digital-to-analog converter[J]. IEICE Electronics Express, 2018, 15(13): 20180565.

[62] YANG X, WANG H J, LIU K, et al. Minimax and WLS designs of digital FIR filters using SOCP for aliasing errors reduction in BI-DAC[J]. IEEE Access, 2019, 7: 11722-11735.

[63] PUPALAIKIS P J, YAMRONE B, DELBUE R, et al. Technologies for very high bandwidth real-time os-cilloscopes[C]. 2014 IEEE Bipolar/BiCMOS Circuits and Technology Meeting (BCTM), 2014: 128-135.

[64] TUMEWU A, MIYAZAWA K, AOKI T, et al. Phase-based alignment of two signals having partially overlapped spectra[C]. 2009 IEEE International Conference on Acoustics, Speech and Signal Processing, 2009: 3337-3340.

[65] BHATTA D, TZOU N, HSIAO S W, et al. Time domain reconstruction of incoherently undersampled Periodic Waveforms Using Bandwidth Interleaving[C]. 2013 22nd Asian Test Symposium, 2013: 283-288.

[66] ZHAO Y, YE P, YANG K J, et al. Reconstruction strategy for bandwidth-interleaved acquisition system with overlapping band[C]. 2019 IEEE International Symposium on Circuits and Systems (ISCAS), 2019: 1-5.

[67] ZHAO Y, YE P, MENG J, et al. Compensation module design for overlapping band in band interleaved data acquisition systems based on hybrid particle swarm optimization algorithm[J]. IEEE Access, 2020, 8: 178835-178848.

[68] 苏州迅芯微电子. AAD08S010G data sheet[M/OL]. http：//www.acelamicro.com/? content/91, 2018.

[69] CORRAL C, LINDQUIST C. Design for optimum classical filters[J]. IEE Proceedings-Circuits, De-vices and Systems, 2002, 149(5)：291-300.

[70] 张俊杰, 乔崇, 刘尉悦, 等. 高速数据采集系统时钟抖动研究 [J]. 中国科学技术大学学报, 2005：227-231.

[71] BAI R, WANG J G, XIA L L, et al. Sinusoidal clock sampling for multigigahertz ADCs[J]. IEEE Transactions on Circuits and Systems I：Regular Papers, 2011, 58 (12)：2808-2815.

[72] LATHI B P, GREEN R A. Signal processing and linear systems[M]. Oxford University Press New York, 1998.

[73] KESTER W. Converting oscillator phase noise to time jitter[J]. Tutorial MT-008, Analog Devices, 2009.

[74] ZHAO Y, YE P, YAN H Y, et al. An efficient structure of multi-rate interpolation in digital stor-age oscilloscope[C]. 2019 14th IEEE International Conference on Electronic Measurement & Instruments（ICEMI）, 2019：344-350.

[75] 胡广书. 现代信号处理教程[M]. 2版. 北京：清华大学出版社, 2015.

[76] 程佩青. 数字信号处理教程 [M]. 北京：清华大学出版社, 2007.

[77] OPPENHEIM A V, BUCK J R, SCHAFER R W. Discrete-time signal processing. Vol. 2[M]. Upper Saddle River, NJ：Prentice Hall, 2001.

[78] SHARMA S, SAXENA R, SAXENA S. Design of narrowband frequency sampling FIR filters using Z-window[J]. Signal processing, 2006, 86(11)：3299-3308.

[79] CHIKOUCHE D, SAIGAA D, Ferhat-Hamida A. Algorithm for the design of linear phase digital FIR filters using Windows[J]. Modelling Measurement and Con-

trol A General Physics Electronics and Electrical Engineering, 1994, 56: 41-41.

[80] ANDRIA G, SAVINO M, TROTTA A. Optimized windows for FIR filter design to perform maximally flat decimation stages in signal conditioning[J]. IEEE transactions on instrumentation and measurement, 1992, 41(3): 407-412.

[81] SHPAK D, ANTONIOU A. A generalized remez method for the design of FIR digital filters[J]. IEEE transactions on circuits and systems, 1990, 37(2): 161-174.

[82] LAI X P. Chebyshev design of FIR filters with frequency inequality constraints[J]. Circuits, Sys-tems and Signal Processing, 2003, 22(3): 325-334.

[83] LAI E. Practical digital signal processing[M]. Elsevier, 2003.

[84] 张阿宁, 赵萍. 基于FPGA的正交数控振荡器（NCO）的设计与实现[J]. 电子设计工程, 2011, 19(17): 149-149.

[85] 李星沛, 何方白. 基于CPLD器件的数控振荡器（NCO）的设计[J]. 山西电子技术, 2006: 36-37.

[86] VOLDER J E. The CORDIC trigonometric computing technique[J]. Electronic Computers Ire Transactions on, 1959, EC-8(3): 330-334.

[87] WALTHER J S. A unified algorithm for elementary functions[J]. Proc of Spring Joint Computer Conf, 1971.

[88] ZHAO Y, YE P, YANG K J, et al. A field programmable gate array based synchronization mechanism of analog and digital local oscillators in bandwidth-interleaved data acquisition systems[J]. Review of Scientific Instruments, 2021, 92(3): 034703.

[89] ARCO M D, GENOVESE M, NAPOLI E, et al. Design and implementation of a preprocessing circuit for bandpass signals acquisition[J]. IEEE Transactions on Instrumentation and Measurement, 2014, 63(2): 287-294.

[90] JIANG J, TIAN S L, GUO L P, et al. Seamless measurement technology of transient signals based on approximate entropy[J]. Review of Scientific Instruments, 2016, 87(10).

[91] ROHDE SCHWARZ. SMB100A RF and microwave signal generator[M/OL]. https://cdn.ro hde-schwarz.com.cn/pws/dl_downloads/dl_common_library/dl_brochures_and_datasheets/pdf_1/service_support_30/SMB100A_ dat-sw_en_5213-8396-22_v0900.pdf, 2016.7.

[92] DAI X F, GU J, YE P, et al. FPGA realization of hardware-flexible parallel structure FIR filters using combined systolic arrays[C]. 2020 IEEE International Instrumentation and Measurement Technology Conference (I2MTC), 2020, 1-5.

[93] XILINX. CORDIC v6.0 PG105[M/OL]. https://china.xilinx.com/support/documentation/ip_documentation/cordic/v6_0/pg105-cordic.pdf, 2017.12.20.

[94] GREENSLADE B T. Adventures with lissajous figures[M]. Morgan & Claypool Publishers, 2018.

[95] IEEE. IEEE standard for digitizing waveform recorders[J]. IEEE Std 1057-2017 (Revision of IEEE Std 1057-2007) - Redline, 2018: 1-313.

[96] ANTONIOU A. Digital filters: analysis, design and applications: solutions manual [M]. McGraw-Hill, 1993.

[97] LANG M. Allpass filter design and applications[J]. IEEE Transactions on Signal Processing, 1998, 46(9): 2505-2514.

[98] QUELHAS M F, Petraglia A. Optimum design of group delay equalizers[J]. Digital Signal Processing, 2011, 21(1): 1-12.

[99] STAMENKOVIĆ N, STOJANOVIĆ N, PERINIĆ G. Group delay equalization of polynomial recursive digital filters in maximal flat sense[J]. Journal of Circuits Systems and Computers, 2019, 28(10): 1950173.

[100] FLETCHER R. Practical methods of optimization[M]. John Wiley & Sons, 2013.

[101] DONALD W. An algorithm for least-squares estimation of nonlinear parameters [J]. Journal of the Society for Industrial & Applied Mathematics, 1963, 11(2): 431.

[102] PAN S T. Evolutionary computation on programmable robust IIR filter pole-placement design[J]. IEEE Transactions on Instrumentation & Measurement, 2011, 60 (4): 1469-1479.

[103] PAN S T. CSD-coded genetic algorithm on robustly stable multiplierless IIR filter design[J]. Mathematical Problems in Engineering, 2012.

[104] KARABOGA N. Digital IIR filter design using differential evolution algorithm [J]. Eurasip Journal on Advances in Signal Processing, 2005, 2005(8): 1-8.

[105] STORN R. Designing nonstandard filters with differential evolution[J]. IEEE Signal Processing Magazine, 2005, 22(1): 103-106.

[106] KARABOGA N, KALINLI A, KARABOGA D. Designing digital IIR filters using ant colony optimisation algorithm[J]. Engineering Applications of Artificial Intelli Gence, 2004, 17(3): 301-309.

[107] AGRAWAL N, KUMAR A, BAJAJ V. Optimized design of digital IIR filter using artificial bee colony algorithm[C]. 2015 International Conference on Signal Processing, Computing and Control (IS-PCC), 2015: 316-321.

[108] PANDA G. Development of efficient identification scheme for nonlinear dynamic systems using swarm intelligence techniques[J]. Expert Systems with Applications, 2010, 37(1): 556-566.

[109] SERBET F, KAYA T, OZDEMIR M T. Design of digital IIR filter using particle swarm optimiza-tion[C]. 2017 40th International Convention on Information and

Communication Technology, Electronics and Microelectronics (MIPRO), 2017: 202-204.

[110] AGRAWAL N, KUMAR A, BAJAJ V. Design of digital IIR filter with low quantization error using hybrid optimization technique[J]. Soft Computing, 2018, 22(9): 2953-2971.

[111] SARANGI A, SARANGI S K, PADHY S K, et al. Swarm intelligence based techniques for digital filter design[J]. Applied Soft Computing, 2014, 25: 530-534.

[112] HLAING Z C S S, KHINE M A. Solving traveling salesman problem by using improved ant colony optimization algorithm[J]. Int. J. Inf. Educ. Technol, 2011, 1(5): 404-409.

[113] JIANG S H, WANG Y, JI Z C. A new design method for adaptive IIR system identification using hybrid particle swarm optimization and gravitational search algorithm[J]. Nonlinear Dynamics, 2015, 79(4): 2553-2576.

[114] EBERHART R, KENNEDY J. A new optimizer using particle swarm theory[C]. MHS'95. Proceedings of the Sixth International Symposium on Micro Machine and Human Science, 1995: 39-43.

[115] PLEVRIS V, PAPADRAKAKIS M. A hybrid particle swarm gradient algorithm for global structural optimization[J]. Computer-Aided Civil and Infrastructure Engineering, 2011, 26(1): 48-68.

[116] CHAUHAN R S, ARYA S K. An optimal design of IIR digital filter using particle swarm optimiza-tion[J]. Applied Artificial Intelligence, 2013, 27(6): 429-440.

[117] DARTMANN G, ZANDI E, ASCHEID G. A modified Levenberg-Marquardt method for the bidirectional relay channel[J]. IEEE Transactions on Vehicular Technology, 2014, 63(8): 4096-4101.

[118] YAN S, LIU Q, LI J J, et al. Heterogeneous acceleration of hybrid PSO-QN algorithm for neuralnetwork training[J]. IEEE Access, 2019, (7): 161499-161509.

[119] SAAD Y. Iterative methods for sparse linear systems[M]. SIAM, 2003.

[120] VAN DER VORST H A. Iterative solution methods for certain sparse linear systems with a nonsymmetric matrix arising from PDE-problems[J]. Journal of computational physics, 1981, 44(1):1-19.

[121] VAN DER VORST H A. Bi-CGSTAB: A fast and smoothly converging variant of Bi-CG for the solution of nonsymmetric linear systems[J]. SIAM Journal on scientific and Statistical Computing, 1992, 13(2): 631-644.

[122] HALL S H, HALL G W, MCCALL J A, et al. High-speed digital system design: a handbook of interconnect theory and design practices[M]. Wiley New York, 2000.

[123] 高舰. 基于阵列采样的宽带信号高精度获取技术研究 [D]. 成都: 电子科技大学, 2020.

[124] KIDAMBI S S. Closed-form approach to design of all-pass digital filters using cepstral coefficients[J]. Electronics Letters, 2004, 40(12): 720-721.

[125] ABEL J S, SMITH J O. Robust design of very high-order allpass dispersion filters [C]. Proc. of the Int. Conf. on Digital Audio Effects (DAFx-06), Montreal, Quebec, Canada, 2006: 13-18.

[126] GUO N, KOU Y, ZHAO Y, et al. An all-pass filter for compensation of ionospheric dispersion effects on wideband gnss signals[J]. GPS Solutions, 2014, 18 (4): 625-637.

[127] RÄMÖ J, VÄLIMÄKI V. Graphic delay equalizer[C]. ICASSP 2019-2019 IEEE International Conference on Acoustics, Speech and Signal Processing (ICASSP), 2019: 8018-8022.

[128] 叶芃. 宽带时域采集系统技术研究 [D]. 成都：电子科技大学, 2009.

[129] 黄武煌. 基于并行处理的超高速采样系统研究与实现 [D]. 成都：电子科技大学, 2016.

[130] 伍晓芳. 小型恒温晶体振荡器的研制 [D]. 武汉：华中科技大学, 2004.

[131] 燕浩宇. 数字带宽交替采集系统的误差校正算法研究及实现 [D]. 成都：电子科技大学, 2020.

[132] CORMEN T H, LEISERSON C E, RIVEST R L, et al. Introduction to algorithms [M]. MIT press, 2009.

[133] 魏文韬. 基于非线性建模的 TIADC 系统误差及校正方法研究 [D]. 成都：电子科技大学, 2019.